5
1964

Faserforschung und Textiltechnik

WISSENSCHAFTLICH-TECHNISCHE ZEITSCHRIFT
FÜR DIE CHEMIEFASER- UND TEXTILINDUSTRIE

BEGRUNDET VON
ERICH CORRENS UND WALTER FRENZEL

HERAUSGEGEBEN VON ERICH CORRENS –
WOLFGANG BOBETH – HANS BÖHRINGER – HERMANN KLARE

AKADEMIE-VERLAG BERLIN

Appreturmittel aus Schkopau

sind ein Begriff für den Textilfachmann

Unsere Typen

THM Schkopau A–A
THM Schkopau A–AW
THM Schkopau A–W

sind Plastdispersionen mit nachhaltiger Wirkung und größerer Waschbeständigkeit bei einfacher und zeitsparender Verarbeitbarkeit. Sie geben den Geweben verschiedenster Art Fülle und Stand und ermöglichen durch Kombinierung miteinander die Erreichung jedes gewünschten Griffeffektes.

Ausführliche Druckschriften stellen wir auf Anforderung gern zur Verfügung.

VEB CHEMISCHE WERKE BUNA · SCHKOPAU ÜBER MERSEBURG

Faserforschung und Textiltechnik

5
1964

WISSENSCHAFTLICH-TECHNISCHE ZEITSCHRIFT FÜR DIE CHEMIEFASER- UND TEXTILINDUSTRIE

BEGRÜNDET VON
ERICH CORRENS UND WALTER FRENZEL

HERAUSGEGEBEN VON E. CORRENS – W. BOBETH – H. BÖHRINGER – H. KLARE

SCHRIFTLEITER J. BRÄMER

INHALT

Die Zeitschrift „Faserforschung und Textiltechnik" erscheint monatlich in Heften zu 48 Textseiten im Format A 4. Der Preis für das Einzelheft beträgt DM 9,–, für den Vierteljahrbezug DM 27,– zuzügl. Bestellgeld. Die Berechnung erfolgt zu Beginn eines Vierteljahrs für 3 Hefte. Bestellungen aus dem Gebiet der Deutschen Demokratischen Republik an ein Postamt, eine Buchhandlung oder den Verlag, aus der Deutschen Bundesrepublik an eine Buchhandlung oder die Auslieferungsstelle Kunst und Wissen, Erich Bieber, Stuttgart S, Wilhelmstraße 4–6, aus dem Ausland an eine Importbuchhandlung, den Deutschen Buch-Export und -Import, GmbH., Leipzig C 1, Postschließfach 276, oder den Akademie-Verlag GmbH., Berlin W 8, Leipziger Str. 3–4 (Fernruf: 220441; Telex-Nr. 011773; Postscheckkonto 35021) erbeten. Bestellnummer dieses Heftes: 1014/15/5. Alleinige Anzeigenannahme DEWAG-WERBUNG, Berlin C 2, Rosenthaler Str. 28/31, und alle DEWAG-Betriebe in den Bezirksstädten der DDR.

Bestellungen in der UdSSR nehmen entgegen: Städtische Abteilungen von „SOJUZPECHATJ" bzw. Postämter und Postkontore.

Herausgeber und verantwortlich für den Inhalt: Prof. Dr. Erich Correns, Institut für Faserstoff-Forschung der Deutschen Akademie der Wissenschaften zu Berlin, Teltow-Seehof, Fernruf: Teltow 4431; Prof. Dr.-Ing. habil. Wolfgang Bobeth, Institut für Technologie der Fasern der Deutschen Akademie der Wissenschaften zu Berlin, Dresden A 1, Hohe Str. 6, Fernruf: Dresden 40837; Prof. Dr.-Ing. Hans Böhringer, Institut für Textiltechnologie der Chemiefasern Rudolstadt, Fernruf: Rudolstadt 2031; Prof. Dr. Hermann Klare, Institut für Faserstoff-Forschung der Deutschen Akademie der Wissenschaften zu Berlin, Teltow-Seehof, Fernruf: Teltow 4431. Schriftleiter: Joachim Brämer, Teltow-Seehof, Kantstr. 55. Verlag: Akademie-Verlag GmbH., Berlin W 8, Leipziger Str. 3–4. Satz und Druck: Druckhaus „Maxim Gorki", Altenburg. — Veröffentlicht unter der Lizenznummer 1280 des Presseamtes beim Vorsitzenden des Ministerrates der Deutschen Demokratischen Republik.

Faserforschung und Textiltechnik

WISSENSCHAFTLICH-TECHNISCHE ZEITSCHRIFT FÜR DIE CHEMIEFASER- UND TEXTILINDUSTRIE

Band 15 Mai 1964 Heft 5

Reaktionskinetische Untersuchungen bei der Entstehung von Celluloseregeneratfäden

20. Mitteilung über den Fadenbildungsmechanismus von Viskosekapillarfäden (3. Teil)[1]): Der Zerfall des Cellulosexanthogenates in saurem Medium[2])

Anneliese Gröbe, Hartmut Jost und Hermann Klare

Deutsche Akademie der Wissenschaften zu Berlin, Institut für Faserstoff-Forschung, Teltow-Seehof

DK 677.463.021.5:541.127.1

Der Zerfall des Cellulosexanthogenates in verschiedenen Versuchsobjekten wurde in Abhängigkeit vom Ausgangs-γ-Wert, vom Fadendurchmesser, von der Temperatur, vom Versuchsobjekt, von der Anwesenheit eines Modifikators und vom pH-Wert der Zersetzungslösung untersucht. Abschließend wurden aus den experimentellen Werten Betrachtungen über die geschwindigkeitsbestimmende Reaktion für die Fadenbildung angestellt.

Кинетические исследования реакции образования гидратцеллюлозных нитей
Сообщ. 20-ое из серии работ по механизму нитеобразования гидратцеллюлозных волокон (часть 3-ья): Разложение ксантогената целлюлозы в кислой среде

Изучено разложение ксантогената целлюлозы на различных обьектах в зависимости от исходного значения γ, диаметра нити, температуры, исследуемого обьекта, наличия модификатора и p_H среды. На основании полученных данных были высказаны предположения о реакции, определяющей скорость нитеобразования.

Kinetic Investigations on the Reactions Proceeding during the Formation of Regenerated Cellulose Filaments.
20th Comm. on the Mechanism of Formation of Elementary Filaments of Viskose. Part 3.
The Decomposition of Cellulose Xanthate in Acid Medium

The decomposition of cellulose xanthate in various samples has been investigated in dependence on initial γ-value, filament diameter, temperature, type of sample, presence of modifiers, and pH-value of decomposing solution. On the basis of the data obtained, the rate-controlling reaction of fibre formation is considered.

1 *Einführung*

Über die Diffusion der Spinnbadbestandteile — besonders der H-Ionen — in den sich bildenden Faden haben wir im ersten und zweiten Teil der vorliegenden Arbeit berichtet.

Die in den Faden eindiffundierenden H-Ionen rufen im Faden eine weitere wichtige Reaktion hervor. Sie spalten aus dem Cellulosexanthogenat die Xanthogenatgruppen ab und verwandeln auf diese Weise das Cellulosexanthogenat in Regeneratcellulose, die dabei als unlösliche Substanz in Fadenform im Spinnbad ausfällt. Im abschließenden dritten Teil unserer Untersuchungen sollen deshalb die Parameter einer quantitativen Betrachtung unterzogen werden, welche die Geschwindigkeit der Xanthogenatgruppenabspaltung beeinflussen.

2 *Die Meßmethode*

Für die Untersuchungen wurden die im 2. Teil beschriebenen Versuchsobjekte durch Na-Cellulosexanthogenat-Lösungen, Zn-Cellulosexanthogenat-Emulsionen und Zn-Cellulosexanthogenat-Modellfäden ergänzt. Die Na-Cellulosexanthogenat-Lösungen erhielten wir nach Auflösen eines reinen Na-Cellulosexanthogenates in Wasser. Die Zinkverbindungen wurden durch Umsatz der entsprechenden Natriumverbindungen mit Zn-Ionen hergestellt. Die Gewinnung der übrigen Verbindungen ist im 2. Teil beschrieben. Zur besseren Übersicht sind in Bild 1 noch einmal alle verwendeten Versuchsobjekte zusammengestellt.

Den Prozeß der Xanthogenatgruppenabspaltung konnten wir bei Fäden nun in der Weise verfolgen, daß zur Unterbrechung des Spinnvorganges die Fäden nach gewählten Verweilzeiten im Spinnbad in eine Abstopplösung (1 n oder gesättigte Na-acetatlösung[3]) eingelegt wurden.

Bei Na-Cellulosexanthogenat-Lösungen und Zn-Cellulosexanthogenat-Emulsionen wurde zur Neutralisation des Cellulosexanthogenates diese Abstopplösung direkt in das Spinnbad gegeben. Das hierbei ausfallende Cellulosexanthogenat, gemischt mit Regeneratcellulose, filtrierten wir dann auf einem Faltenfilter ab und befreiten durch Waschen mit Na-acetat und Methanol[3]) den Rückstand von bereits abgespaltenem CS_2.

Auch die Fäden behandelten wir zur Entfernung des abgespaltenen CS_2 15 min mit Methanol. In Bild 2 ist die verwendete Apparatur mit dem Abstoppbad dargestellt.

Die Analytik der Reaktion wurde von uns in der Weise vorgenommen, daß wir den Restxanthogenatgehalt in den

[1]) Teil 2 der 20. Mitteilung siehe Faserforsch. und Textiltechn. **15** (1964) 2, S. 71—74.

[2]) Nähere Einzelheiten siehe Dissertation von *H. Jost*, T. H. für Chemie Leuna-Merseburg 1963.

[3]) Nach durchgeführten Messungen zersetzt sich das Cellulosexanthogenat in Na-acetat-Lösungen und Methanol innerhalb von 60 min nicht.

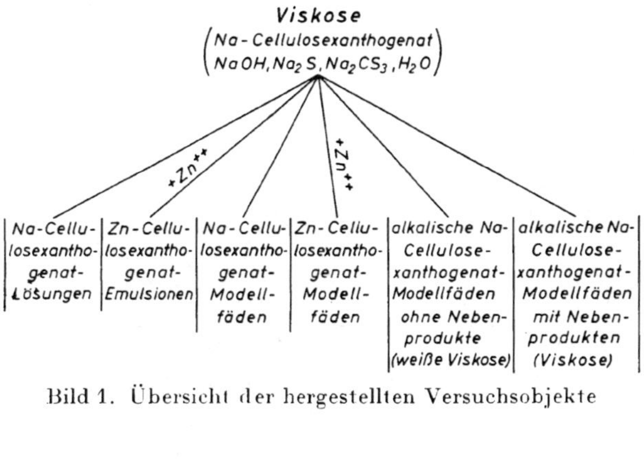

Bild 1. Übersicht der hergestellten Versuchsobjekte

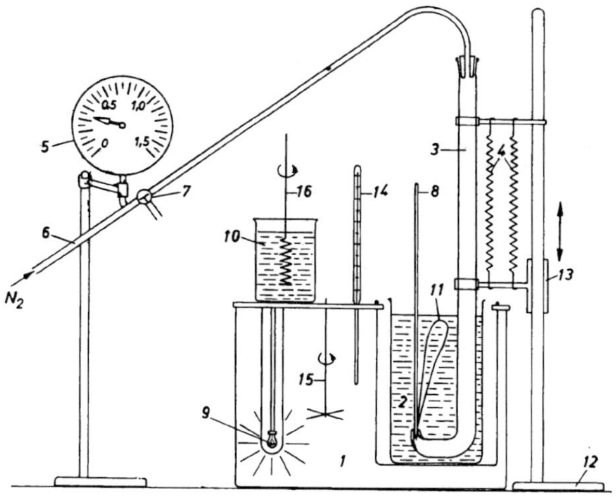

Bild 2. Die Modellspinnapparatur
1 Thermostat, 2 Spinnbad, 3 Modellspinnrohr, 4 Zugfedern, 5 Feinmeßmanometer, 6 Druckleitung,, 7 Dreiwegehahn, 8 Vinidurverschluß, 9 Beleuchtung des Spinnbades, 10 Abstoppbad, 11 Modellfaden, 12 Stativ, 13 verschiebbare Schiene, 14 Thermometer, 15/16 Rührer.

Versuchsobjekten auf gasanalytischem Wege potentiometrisch als Dithiocarbaminat [1] bestimmten und die Cellulose nach Entschwefeln und Säure-frei-Waschen bei 110 °C trockneten und auswogen.

Für den Xanthogenatgruppengehalt in den Versuchsobjekten wählten wir anstelle der Mol/l-Angabe den bei der Viskose üblichen γ-Wert, der die Anzahl der Xanthogenatgruppen pro 100 Mol Glucose angibt.

3 *Meßergebnisse*

3.1. *Die Reaktionsordnung des Cellulosexanthogenatzerfalls im sauren Medium*

Zunächst untersuchten wir das einfachste System: ein reines Na-Cellulosexanthogenat in einer Testalpufferlösung. Die Versuchsbedingungen und das Meßergebnis zeigt Bild 3. Der Restxanthogenatgehalt der Lösung fällt am Anfang stark ab, um dann bei größeren Zersetzungszeiten nur noch langsam abzunehmen.

Die Geschwindigkeit der Zersetzung des Na-Cellulosexanthogenates hängt in unserem System bei konstanten äußeren Bedingungen von der Konzentration der Ausgangsstoffe ab, so daß man die Geschwindigkeit der Cellulosexanthogenatzersetzung in der Form

$$-\frac{dc_A}{dt} = k_1 C_A \cdot C_B \qquad (1)$$

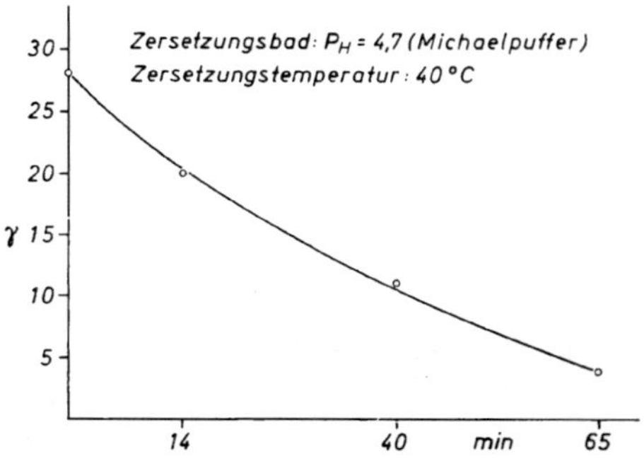

Bild 3. Der Zerfall einer reinen Na-Cellulosexanthogenat-Lösung bei pH = 4,7

(k_1 = Reaktionsgeschwindigkeitskonstante,
C_A = Na-Cellulosexanthogenatkonzentration,
C_B = H^+-Konzentration bzw. Aktivität)

angeben kann.

Bei Verwendung des *Michael*puffers (Bild 3) ist die H^+-Aktivität konstant, so daß nach Einbeziehen von C_B in die Konstante Gleichung 1 in

$$-\frac{dc_A}{dt} = k \cdot C_A \qquad (2)$$

übergeht. (2) integriert führt zu

$$-\lg C_A + \lg C_{AO} = \frac{k}{2{,}303} \cdot t \qquad (3)$$

(t = Reaktionszeit, C_{AO} = Cellulosexanthogenatkonzentration bei $t = 0$)

oder

$$k = \frac{2{,}303}{t} \lg \frac{\gamma o}{\gamma} \qquad (4)$$

(γo = Ausgangs-γ-Wert)

Wenn die Überlegungen richtig sind, so müßte man nach Gleichung (4) beim Auftragen von $\lg \gamma$ gegen t eine Gerade erhalten, da alle übrigen Glieder ($\lg \gamma o$ und k) konstant sind. Das ist tatsächlich der Fall wie aus Bild 4 zu ersehen ist. $\lg C_0$ stellt hier den Ordinatenabschnitt zur Zeit $t = 0$ dar und $-\frac{k}{2{,}303}$ die Steigegung der Kurve. Die Reaktionsgeschwindigkeitskonstante k — im weiteren auch als RGK bezeichnet — kann aus der Steigerung der Geraden $\frac{2{,}303}{k}$ in Bild 4 oder aus Gleichung 4 leicht ermittelt werden.

Reaktionen, die sich durch die eben verwendeten Gleichungen beschreiben lassen, bezeichnet man als Reaktionen 1. Ordnung. Das Cellulosexanthogenat zerfällt demnach unter den in Bild 3 angegebenen Bedingungen in saurer Lösung nach einer Reaktion 1. Ordnung. Aus der Literatur ist bekannt, daß im alkalischen Bereich (bei der Nachreife) der Xanthogenatzerfall ebenfalls nach der 1. Ordnung stattfindet [2].

Ausführliche Untersuchungen zeigten, daß dieser Zerfall nach der 1. Ordnung ganz allgemein im pH-Bereich 0 bis 7 (Pufferlösungen, Schwefelsäuren, Spinnbäder) für Natriumcellulosexanthogenat-Lösungen gilt. Es war nun interessant zu prüfen, nach welcher Reaktionsordnung die Cellulosexanthogenat-Fäden zerfallen, da hier Diffusionsprozesse eine wesentliche Rolle spielen; auch Zinkcellulosexanthogenat-Emulsionen und Fäden könnten durchaus einem anderen Zerfallsmecha-

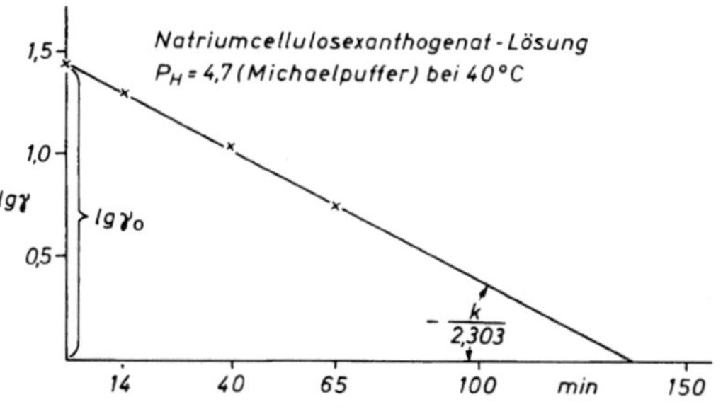

Bild 4. Die Bestimmung der Reaktionsordnung des Na-Cellulosexanthogenatzerfalls

nismus gehorchen. Die vorgenommenen Messungen führten zu dem gleichen Ergebnis: Zn- und Na-Cellulosexanthogenat zerfallen unabhängig von der vorliegenden Form, der Anwesenheit anderer Komponenten und von auftretenden Diffusionsreaktionen nach einer Reaktion 1. Ordnung.

Dieses Ergebnis gab uns die Möglichkeit, die RGK als geeignete Kenngröße zu verwenden, um den Einfluß von verschiedenen Parametern auf den Cellulosexanthogenatzerfall quantitativ auszudrücken, wovon wir nachstehend Gebrauch machen.

3.2. Die Abhängigkeit der RGK des Cellulosexanthogenatzerfalls vom Xanthogenierungsgrad (γ-Wert) und der Reife der Viskose

Die Instabilität des Cellulosexanthogenates bewirkt, daß sich der chemische und kolloidchemische Zustand der Viskose ständig verändern. Es wurde deshalb untersucht, ob die RGK des Cellulosexanthogenatzerfalls bei verschiedenem Xanthogenierungsgrad unterschiedliche Werte annimmt. Dies zu wissen, ist einmal von Bedeutung für die zulässige Toleranz im Ausgangs-γ-Wert der einzusetzenden Versuchsobjekte und zum anderen zur Festlegung des γ-Wertintervalles, in dem die vorgenommenen Betrachtungen Gültigkeit haben.

Zur Beseitigung störender Einflüsse auf die Messung der RGK als Funktion vom Ausgangs-γ-Wert, wie sie z. B. durch eine unterschiedliche Viskosität der Ausgangsprodukte, durch veränderte Fadendurchmesser oder durch veränderte Konzentrationen der Nebenprodukte (bei unterschiedlichem Ausgangs-γ-Wert der Versuchsobjekte) hervorgerufen werden, wurde als Versuchsobjekt ein reines Na-Cellulosexanthogenat mit konstanter Fadengeometrie ($\varnothing = 0{,}83$ bis $0{,}89$ mm) in 1 n H_2SO_4 bei 40 °C $\pm$ 0,1 Grad zersetzt. Das Ergebnis der Messungen zeigt Bild 5, in der Form $\gamma = f(t)$.

In Bild 6 ist anstelle von γ $\lg\gamma = f(t)$ dargestellt. Die erhaltenen drei Geraden in Bild 6 (Beweis für die 1. Ordnung) haben einen parallelen Verlauf. Aus ihren gleichgroßen Steigungen $-\frac{k}{2{,}303}$ resultiert deshalb dieselbe RGK für alle drei Geraden.

Die vorgenommenen Messungen führen zu dem Ergebnis, daß die RGK des Cellulosexanthogenatzerfalls vom Ausgangsxanthogenierungsgrad und der Hottenrothreife in dem gemessenen Intervall $\gamma = 48{,}7$ bis $29{,}0$ unabhängig ist.

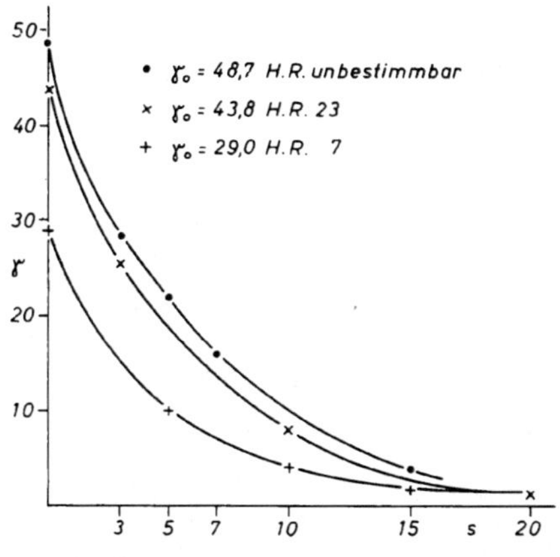

Bild 5. Der Na-Cellulosexanthogenatzerfall bei unterschiedlichem Ausgangs-γ-Wert

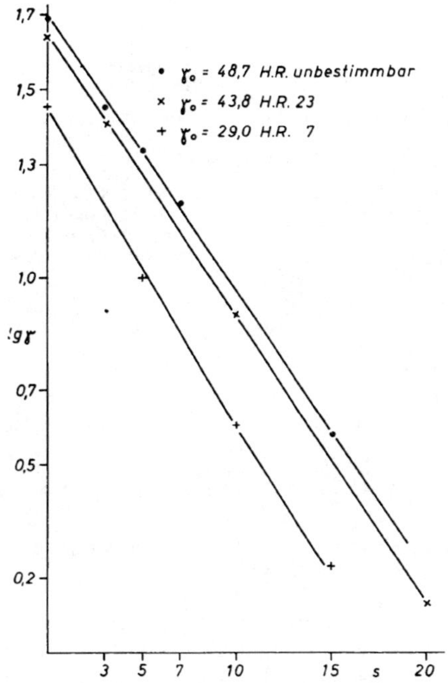

Bild 6. Der Na-Cellulosexanthogenatzerfall bei unterschiedlichem Ausgangs-γ-Wert

$$\text{RGK}\,(\gamma)_{\gamma\,=\,29{,}0\text{ bis }48{,}7} = \text{konstant} \qquad (5)$$

Dieses für neutrale Na-Cellulosexanthogenat-Modellfäden erzielte Ergebnis kann man auf die anderen Versuchsobjekte (Bild 1) übertragen (unter der Voraussetzung, daß das Na-Cellulosexanthogenat in diesen Versuchsobjekten nach einer Reaktion 1. Ordnung zerfällt), denn schon aus der Dimension der RGK 1. Ordnung $= \text{min}^{-1}$ folgt die Konzentrationsunabhängigkeit der RGK.

3.3 Die Abhängigkeit der RGK des Cellulosexanthogenatzerfalls vom Fadendurchmesser

Zur Untersuchung dieser Abhängigkeit RGK $= f(\varnothing)$ wurde eine in der Technik übliche Viskose bei Variation des Düsenlochdurchmessers von 0,1 bis 3 mm in das Spinnbad 2,5 n H_2SO_4 bei 40 °C versponnen. Die 2,5 n H_2SO_4 erwies sich deshalb als geeignet, weil sich alle Fäden darin gut verspinnen ließen, die Durchmesser längs der Badstrecke konstant blieben und die Fadenquerschnitte rund waren.

In Bild 7 ist die Abnahme des γ-Wertes der Viskosefäden für unterschiedliche Fadendurchmesser dargestellt. Danach ist die Abnahme des γ-Wertes sehr stark vom Fadendurchmesser abhängig. Fäden mit großen Fadendurchmessern werden bedeutend langsamer zersetzt als solche mit kleinen Durchmessern.

Trägt man die aus den Kurven in Bild 7 ermittelten RGK's gegen den Fadendurchmesser auf, so erhält man Bild 8; dort ist zu den RGK's für die Fäden noch die RGK für die Na-Cellulosexanthogenat-Lösung mit eingezeichnet.

Bei kleinem Fadendurchmesser $\varnothing < 0{,}5$ mm ist die RGK äußerst stark vom Durchmesser abhängig. Diesem Umstand sollte man nach unserer Ansicht in der

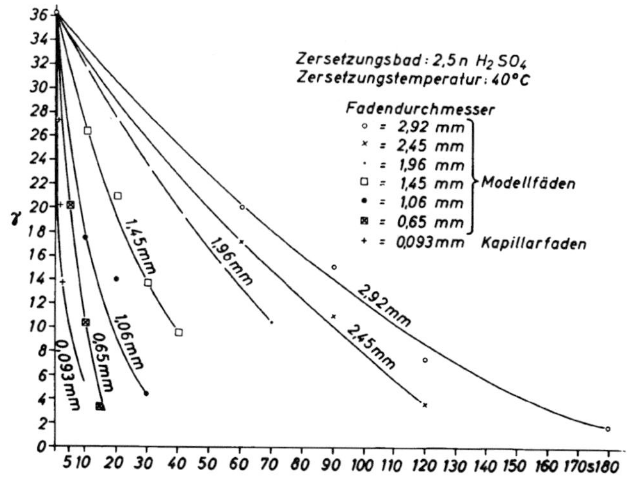

Bild 7. Der Zerfall von alkalischen Na-Cellulosexanthogenat-Fäden im Spinnbad 2,5 n H_2SO_4 bei Variation des Fadendurchmessers

Praxis mehr Aufmerksamkeit schenken. Denn man könnte sich gut vorstellen, daß die von *Bobeth* und *Kittelmann* [3] gemessene starke Streuung in den Reißfestigkeiten der Einzelkapillaren eines Spinnkabels auf unterschiedliche Fadendurchmesser und damit auf verschiedene RGK's für den Cellulosexanthogenatzerfall zurückzuführen ist.

Bei Fadendurchmessern $\varnothing > 1$ mm ist die RGK-Abhängigkeit nur noch gering, weil dann nach unserer Meinung vor allem die Diffusion und nicht mehr der Cellulosexanthogenatzerfall die Geschwindigkeit der Umwandlung der Viskose in Hydratcellulose bestimmt.

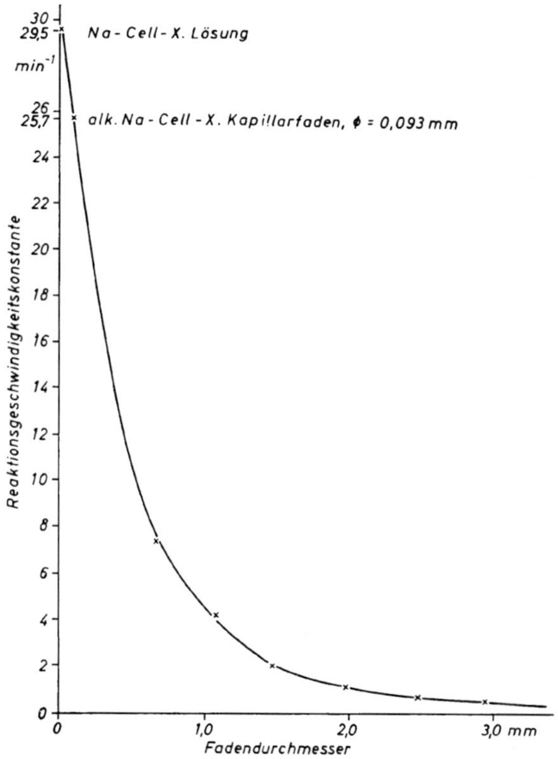

Bild 8. Die Abhängigkeit der RGK vom Fadendurchmesser im Spinnbad 2,5 n H_2SO_4 bei 40°C

Unsere Ansicht konnten wir dadurch beweisen, daß in Bereichen des Fadendurchmessers $\varnothing > 1$ mm Aktivierungsenergien um 6 kcal/Mol gemessen wurden. Solche niedrigen Werte kann man nur Diffusionsprozessen zuordnen. Bei kleinen Durchmessern wurden Werte um 16 kcal/Mol gemessen, die typisch für Zerfallsreaktionen sind.

3.4 Die Abhängigkeit der RGK des Cellulosexanthogenatzerfalls von der Temperatur

Unbeständige Verbindungen zeichnen sich im allgemeinen durch eine starke Temperaturabhängigkeit ihrer Beständigkeit aus. Das Cellulosexanthogenat ist unter Normalbedingungen eine solche unbeständige Verbindung. Wir haben deshalb die Temperaturabhängigkeit der Beständigkeit unserer Versuchsobjekte in verschiedenen Spinnbädern untersucht. In Bild 9 ist ein Beispiel für die starke Temperaturabhängigkeit des Natriumcellulosexanthogenatzerfalls dargestellt. Danach beschleunigt eine Temperaturerhöhung den Zerfall des Cellulosexanthogenates erwartungsgemäß sehr stark.

Die von uns gemessene Temperaturabhängigkeit der RGK des Cellulosexanthogenatzerfalls gehorcht der *Arrhenius*'schen Gleichung

$$\mathrm{RGK} = \mathrm{RGK}_0 \cdot \exp\left(-\frac{A}{RT}\right), \qquad (6)$$

die durch Logarithmieren in die Form:

$$\lg \mathrm{RGK} = \lg \mathrm{RGK}_0 \frac{-A}{4{,}57} \cdot \frac{1}{T} \qquad (7)$$

gebracht werden kann. Beim Auftragen von lg RGK über $\frac{1}{T}$ in °K erhielten wir Geraden, aus deren Steigungen $-\frac{A}{4{,}57}$ sich die Aktivierungsenergien ergeben (Bild 10).

Die Aktivierungsenergien für die Na-Cellulosexanthogenat-Lösung und den reinen Na-Cellulosexanthogenat-Modellfaden sind ungefähr gleich groß und liegen zwischen 15 bis 19 kcal/Mol. (Die Steigungen beider Geraden in Bild 10 sind gleich.) Eine Erklärung hierfür kann darin gesehen werden, daß bereits nach kurzer Zeit der gesamte Cellulosexanthogenatfaden den gleichen pH-Wert wie die Cellulosexanthogenat-Lösung besitzt,

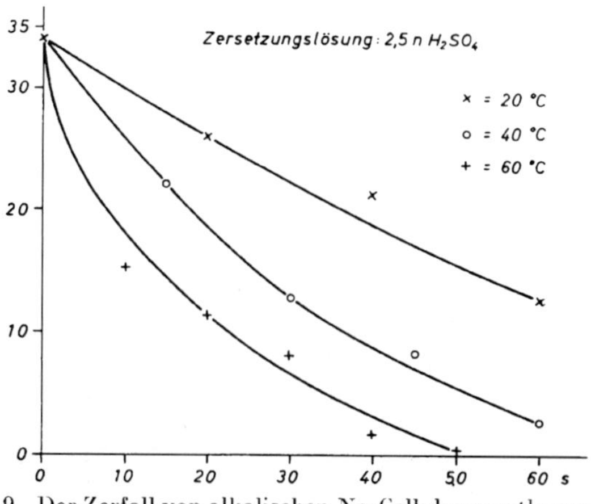

Bild 9. Der Zerfall von alkalischen Na-Cellulosexanthogenat-Modellfäden im Spinnbad 2,5 n H_2SO_4 bei verschiedenen Temperaturen

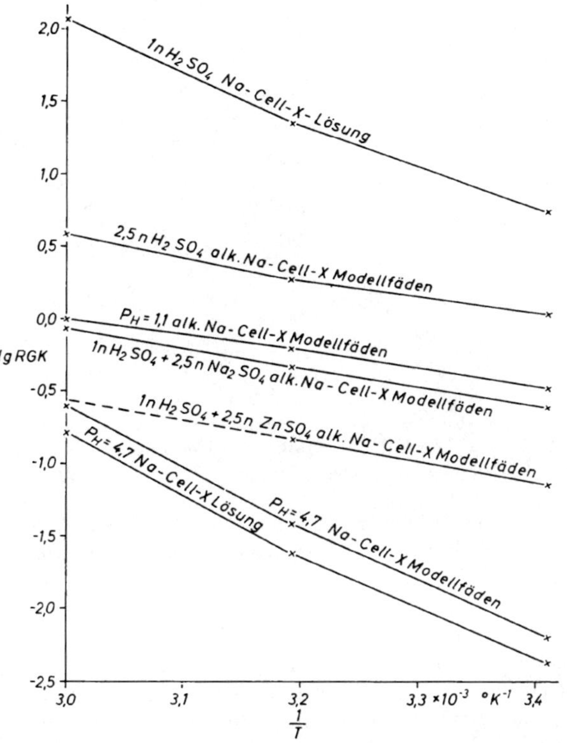

Bild 10. Die Beziehung zwischen dem Logarithmus der RGK und der reziproken Temperatur

da bei reinen Na-Cellulosexanthogenat-Modellfäden die Diffusion im Verhältnis zum Cellulosexanthogenatzerfall wegen des fehlenden Alkalis nur eine sehr kurze Zeit beansprucht. Bei alkalischen Na-Cellulosexanthogenat-Fäden, bei denen die Diffusion die Hauptreaktion darstellt, sind die Geraden viel weniger geneigt, die Aktivierungsenergien liegen zwischen 5 bis 7 kcal/Mol. Salzzusätze zu den sauren Zersetzungslösungen haben keinen Einfluß auf die Aktivierungsenergie (Bild 10).

Aktivierungsenergien für reine Na-Cellulosexanthogenat-Modellfäden sind auch von anderen Autoren gemessen worden. *Takizawa* und *Nakai* [4] haben für reine Na-Cellulosexanthogenat-Modellfäden 12,8 und 14,4 kcal/Mol gemessen. Für den Zerfall des Na-Cellulosexanthogenates bei der Nachreife im alkalischen Medium erhielten *Philipp* und *Dautzenberg* [2] 23 ± 2 kcal/Mol und *Pakšver* [5] 21,75 kcal/Mol. Diese Aktivierungsenergien unterschieden sich von unseren in saurem Medium erhaltenen, so daß man daraus auf einen anderen Zerfallsmechanismus in saurem Medium schließen könnte.

Das Ergebnis der Temperaturabhängigkeit für die RGK des Cellulosexanthogenatzerfalls läßt sich formelmäßig wie folgt ausdrücken:

$$\mathrm{RGK}_{T2} = \mathrm{RGK}_{T1} \cdot \exp - \frac{A}{R\,(T_2 - T_1)}, \qquad (8)$$

wobei

R = universelle Gaskonstante = 1,987 cal/Grad,
T = absolute Temperatur (°K),
A = 17 ± 2 kcal/Mol für reine Na-Cellulosexanthogenat-Lösungen und Modellfäden,
A = 6 ± 0,5 kcal/Mol für alkalische Na-Cellulosexanthogenat-Fäden

bedeuten.

Mit Hilfe dieser Gleichung kann man für die angegebenen Versuchsobjekte den Zersetzungsverlauf von einer Temperatur auf eine gewünschte unbekannte Temperatur umrechnen.

3.5 Die Abhängigkeit der RGK des Cellulosexanthogenatzerfalls in den verwendeten Versuchsobjekten

Für die verwendeten Versuchsobjekte (in Bild 1 zusammengestellt) wurde bei definierten H^+-Konzentrationen bzw. H^+-Aktivitäten der Restxanthogenatgehalt in Abhängigkeit von der Zeit gemessen. Die definierten H^+-Konzentrationen erhielten wir durch Pufferlösungen und Spinnbäder, die in großem Überschuß in bezug auf die Konzentration der Versuchsobjekte eingesetzt wurden. Aus der Vielzahl der Kurven seien die Ergebnisse für 2,5 n H_2SO_4 und den Phosphat-Zitrat-Puffer pH = 2,83 wiedergegeben.

Ziel dieser Messungen war

a) die unterschiedliche Beständigkeit von Na- und Zn-Cellulosexanthogenat zu zeigen,
b) den Unterschied in der Zersetzung von Na- und Zn-Cellulosexanthogenat-Modellfäden und Na- und Zn-Cellulosexanthogenat-Lösungen zu prüfen,
c) den Einfluß des Alkalis auf den Na-Cellulosexanthogenatzerfall zu bestimmen.

Aus den Bildern 11 und 12 ergibt sich folgendes Gesamtresultat: Die Zersetzungszeiten des Cellulosexanthogenates nehmen in der Richtung Na-Cell-X-Lösung, Zn-Cell-X-Emulsion, neutrale Na-Cell-X-Modellfäden, neutrale Zn-Cell-X-Modellfäden, alk. Na-Cell-X-Modellfäden mit Nebenprodukten (Viskose) = alk.

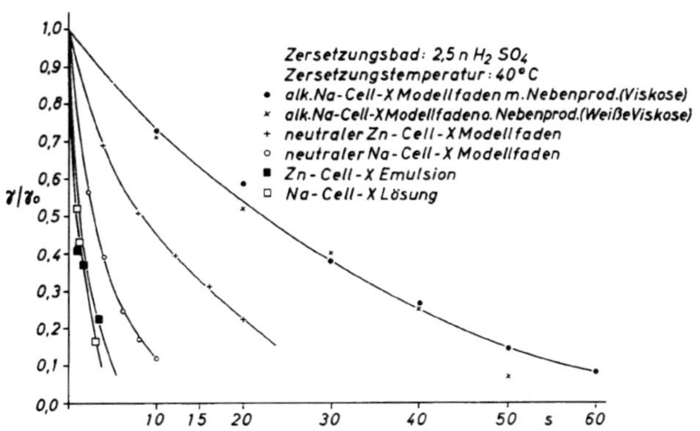

Bild 11. Der Zerfall des Cellulosexanthogenates in den verwendeten Versuchsobjekten bei konstanter H^+-Aktivität

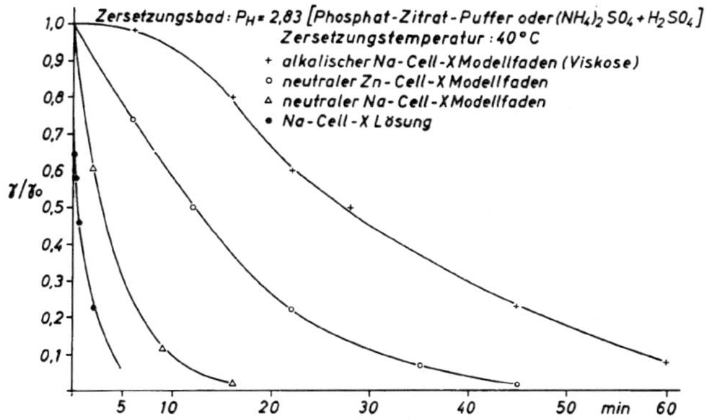

Bild 12. Der Zerfall des Cellulosexanthogenates in den verwendeten Versuchsobjekten bei konstanter H^+-Aktivität

Na-Cell-X-Modellfäden ohne Nebenprodukte (weiße Viskose) zu.

Bei der Gegenüberstellung einiger Kurven kommt man im Detail zu folgenden Ergebnissen:

a) Das Zinkcellulosexanthogenat ist in Form der Emulsion und in Form des Modellfadens im pH-Bereich 0 bis 5 schwerer zersetzbar als die entsprechenden Natriumverbindungen. Zahlenmäßig kann das Ergebnis durch den Quotienten

$$\frac{K_{\text{Na-Cell-X}}}{K_{\text{Zn-Cell-X}}}$$

ausgedrückt werden.

Nach den Werten in Tabelle 1 und 2 hat der Quotient die Werte 2,2 bis 5,3, d. h., Zn-Cellulosexanthogenat zersetzt sich 2,2- bis 5,3mal langsamer als Na-Cellulosexanthogenat, unabhängig davon, ob das Ausgangsprodukt in Lösung, Emulsion oder Fadenform vorliegt. In Übereinstimmung damit haben *Danilov* und *Gince* [6] bei der Zersetzung von Viskoselösungen (Viskose auf das 10fache verdünnt) gefunden, daß die $ZnSO_4$-haltigen Spinnbäder das Cellulosexanthogenat 4,5- bis 5mal langsamer zersetzen als die Na_2SO_4-haltigen, was sie auf eine Zn-Cellulosexanthogenatbildung zurückführten.

b) Vergleicht man die Kurven für die Na-Cell-X-Lösung und den Na-Cell-X-Modellfaden einerseits und die Zn-Cell-X-Emulsion und den Zn-Cell-X-Modellfaden andererseits, so kann man den Einfluß der Fadenform und damit den Einfluß der Diffusion auf die Cellulosexanthogenatzersetzung bei bestimmten pH-Werten ermitteln. Hierzu wurden die Quotienten

$$\frac{K_{\text{Na-Cell-X-Lösung}}}{K_{\text{Na-Cell-X-Modellfäden}}} \quad \text{und} \quad \frac{K_{\text{Zn-Cell-X-Emulsion}}}{K_{\text{Zn-Cell-X-Modellfäden}}}$$

gebildet. Aus den Tabellen 3 und 4 geht hervor, daß mit steigendem pH-Wert der Quotient kleiner wird, d. h., bei einer langsamen Zersetzung des Cellulosexanthogenates, wie sie bei höheren pH-Werten auftritt, ist der Einfluß der Diffusion auf die RGK geringer. In Kapitel 3,7 wird hierauf näher eingegangen.

c) Den Einfluß des Alkalis auf die Zersetzung des Cellulosexanthogenates konnten wir aus dem Vergleich der Kurven für neutrale und alkalische Na-Cellulosexanthogenat-Modellfäden bestimmen. Der Quotient

$$\frac{K_{\text{n Na-Cell-X-Modellfäden}}}{K_{\text{alk. Na-Cell-X-Modellfäden}}}$$

beträgt für 2,5 n und 1 n H_2SO_4 7,4 und 7,2.

Der alkalische Modellfaden zersetzt sich somit um 7,4- bis 7,2mal langsamer als der neutrale Modellfaden, da das Alkali des Modellfadens die Xanthogenatgruppen vor dem Angriff der H^+ schützt. Es ist hierbei interessant festzustellen, daß die stabilisierende Wirkung des Alkalis (1,53 bis 1,57 n NaOH) auf die Beständigkeit des Cellulosexanthogenats größer ist als die Stabilisierung durch eine Umwandlung in Zn-Cellulosexanthogenat. Wir ließen dann die NaOH-Konzentration im Faden weiterhin bei 1,53 bis 1,57 n und verringerten die H^+-Konzentration auf pH = 1,2 und 3. Das Ergebnis zeigt Bild 13.

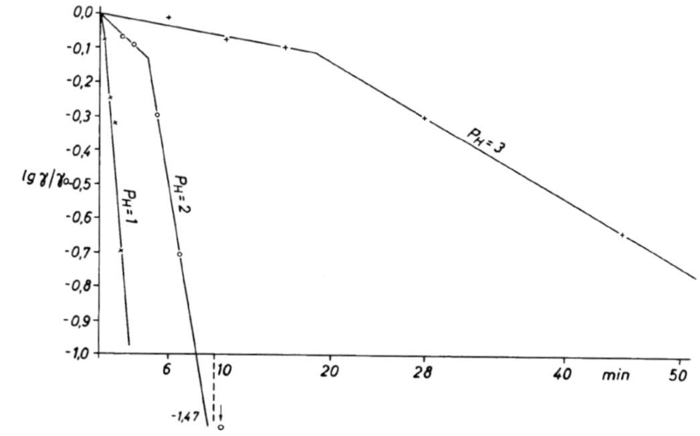

Bild 13. Der Zerfall des alk. Na-Cellulosexanthogenat-Modellfadens bei geringer H^+-Konzentration im Spinnbad

Bei geringer werdender H^+-Konzentration und steigendem Quotienten (OH) (H+) zerfällt das Cellulosexanthogenat nach zwei unterschiedlichen Geschwindigkeiten. Vor den Knickpunkten ist die Geschwindigkeit gering, da in dieser Zeit das Alkali in das Spinnbad diffundiert und nur wenig Xanthogenatgruppen abge-

Tabelle 1. Die Beständigkeit von Zn- und Na-Cellulosexanthogenat in Emulsion bzw. Lösung

pH-Wert	$\frac{K_{\text{Na-Cell-X-Lösung}}}{K_{\text{Zn-Cell-X-Emulsion}}}$
4,7	3,2
4,0	2,2
1,78	5,3
1,0	3,6

Tabelle 2. Die Beständigkeit von Zn- und Na-Cellulosexanthogenat in Fadenform

pH-Wert	$\frac{K_{\text{Na-Cell-X-Modellfaden}}}{K_{\text{Zn-Cell-X-Modellfaden}}}$
2,38	4,00
1,78	4,93
1,0	5,26
1 n H_2SO_4	5,2
2,5 n H_2SO_4	2,82

Tabelle 3. Der Einfluß der Diffusion auf die Cellulosexanthogenatzersetzung

pH-Wert	$\frac{K_{\text{Na-Cell-X-Lösung}}}{K_{\text{Na-Cell-X-Modellfaden}}}$
1,00	6,55
1,78	4,80
2,83	2,38

Tabelle 4. Der Einfluß der Diffusion auf die Cellulosexanthogenatzersetzung

pH-Wert	$\frac{K_{\text{Zn-Cell-X-Emulsion}}}{K_{\text{Zn-Cell-X-Modellfaden}}}$
1 n H_2SO_4	10,00
pH = 1	10,00
1,78	4,57
4,0	2,10
4,7	2,95

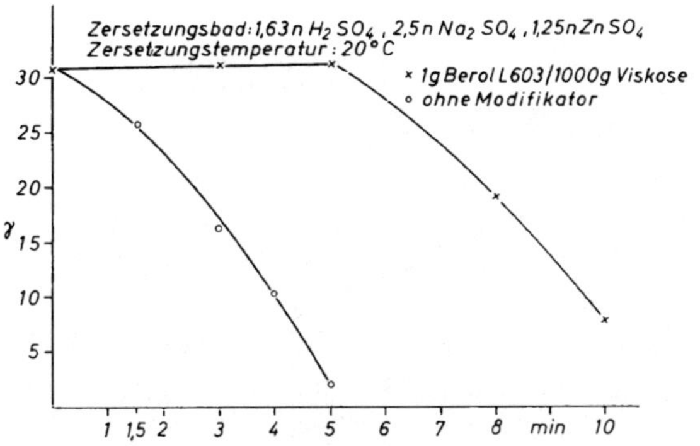

Bild 14. Der Zerfall des Cellulosexanthogenates in einer modifizierten und unmodifizierten Viskose

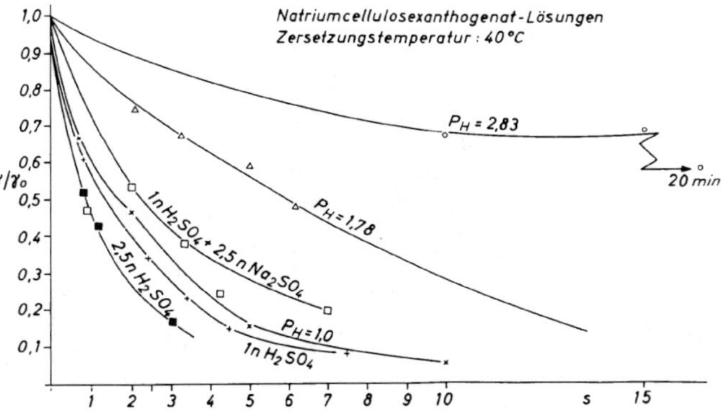

Bild 15. Der Zerfall einer Na-Cellulosexanthogenat-Lösung bei verschiedenen pH-Werten

spalten werden. Nach dem Knickpunkt ist die Verarmung des Fadens an Alkali so groß, daß der Quotient $(OH)/(H^+) < 1$ wird. Der alkalische Faden zerfällt dann ungefähr mit der gleichen Geschwindigkeit wie der neutrale Cellulosexanthogenatfaden.

Bei der Technologie, z. B. 1,63 n H_2SO_4, 2,50 n Na_2SO_4 und 1,25 n $ZnSO_4$ als Spinnbad und 1,62 n NaOH in der Viskose, ergibt sich ein Quotient $(OH)/(H^+) = 0{,}997$. Die hohe Salzkonzentration im Spinnbad verringert die (H^+) noch weiter, so daß der Quotient in Wirklichkeit über 1 liegen wird. Hieraus kann man unter der Voraussetzung der Übertragung der obigen Feststellungen auf den technischen Prozeß folgern, daß die Neutralisationsreaktion beim technischen Spinnprozeß über einen gewissen Zeitraum an der Phasengrenze Spinnbad/Faden vorsichgehen kann, wenn der Quotient $(OH^-)/(H^+) > 1$ ist.

3.6 Die Abhängigkeit der RGK des Cellulosexanthogenatzerfalls bei Gegenwart eines Modifikators in der Viskose

Es ist allgemein bekannt, daß Modifikatoren eine Zersetzungsverzögerung des Cellulosexanthogenates hervorrufen [7]. Wir untersuchten deshalb, ob die Geschwindigkeit des Cellulosexanthogenatzerfalls in Modellfäden ($\varnothing \approx 1$ mm) durch einen Modifikator ebenfalls verändert wird, wobei uns besonders die Art der Veränderung interessierte. In Bild 14 ist die Zersetzung des Cellulosexanthogenates mit und ohne Berol L 603 in der Viskose dargestellt.

Rein visuell beobachteten wir, daß nur der modifizierte Faden längere Zeit ohne sichtbare Veränderung im Spinnbad blieb. Während dieser Zeit behielt er seine braune Farbe bei. Die Beobachtung wird auch durch den Verlauf der Kurven bestätigt. Die anschließende Zersetzung des Cellulosexanthogenates verläuft dann aber mit der gleichen Geschwindigkeit wie bei unmodifizierten Fäden. Unser Experiment scheint demnach die Bildung einer dünnen Membran auf der Faseroberfläche, welche die Diffusion der Ionen zu Beginn der Reaktion bremst, auch an Modellfäden zu bestätigen.

3.7 Die Abhängigkeit der RGK des Cellulosexanthogenatzerfalls von der H^+-Aktivität

Bei den einzelnen Versuchsobjekten wurde die Zersetzung ihres Cellulosexanthogenates in Abhängigkeit vom pH-Wert der Zersetzungslösung und der Zusammensetzung der Spinnbäder untersucht. Von den gemessenen Kurven ist in Bild 15 das Verhalten einer Na-Cellulosexanthogenat-Lösung (0,05% an Cellulose) bei verschiedenen H^+-Konzentrationen dargestellt.

Die Zersetzung des Cellulosexanthogenates ist erwartungsgemäß stark pH-abhängig. Salzzusätze verzögern (2,5 n Na_2SO_4 in Bild 15) auch bei Xanthogenat-Lösungen die Zersetzung. Für die pH-Abhängigkeit des Cellulosexanthogenatzerfalls — unabhängig davon, ob das Cellulosexanthogenat in Lösung, Emulsion oder Fadenform vorlag — wurde die Beziehung

$$\lg \mathrm{RGK} = C \cdot \mathrm{pH} + d \quad (9)$$

gefunden. Hierbei sind C und d vom Versuchsobjekt abhängige Konstanten.

Die Gleichung (9) konnte für alle Versuchsobjekte bestätigt werden. In Bild 16 ist ihre Gültigkeit für drei Versuchsobjekte dargestellt. Die Geraden für reine Na- und Zn-Cellulosexanthogenat-Modellfäden sind parallel. Ihre Gleichungen lauten:

$$\lg \mathrm{RGK}_{\text{Na-Cell-X M}} = -0{,}61 \cdot \mathrm{pH} + 1{,}13, \quad (10)$$

$$\lg \mathrm{RGK}_{\text{Zn-Cell-X M}} = -0{,}61 \quad \mathrm{pH} + 0{,}38, \quad (11)$$

$$\lg \frac{\mathrm{RGK}_{\text{Na-Cell-M}}}{\mathrm{RGK}_{\text{Zn-Cell-X M}}} = 1{,}13 - 0{,}38 = 0{,}65 \text{ bis } 0{,}75, \quad (12)$$

$$\frac{\mathrm{RGK}_{\text{Na-Cell-X M}}}{\mathrm{RGK}_{\text{Zn-Cell-X M}}} = 4{,}48 \text{ bis } 5{,}62. \quad (13)$$

Der Quotient stellt hier einen Mittelwert aus den Meßpunkten dar. Das Rechenergebnis ist bereits in Kapitel

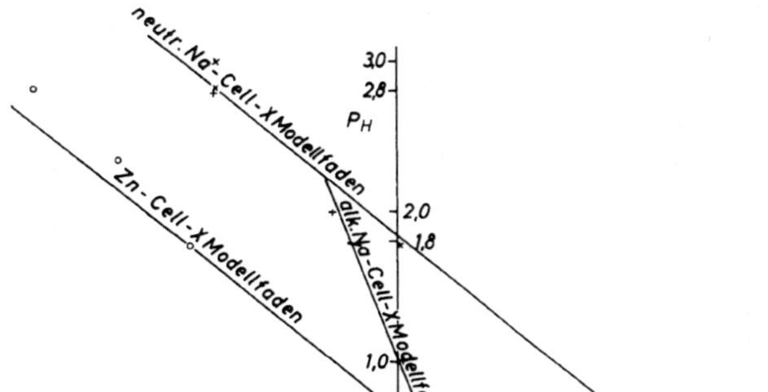

Bild 16. Die Abhängigkeit des lg RGK vom pH-Wert der Zersetzungslösung für reine Na-, alkalische Na- und reine Zn-Cellulosexanthogenat-Modellfäden

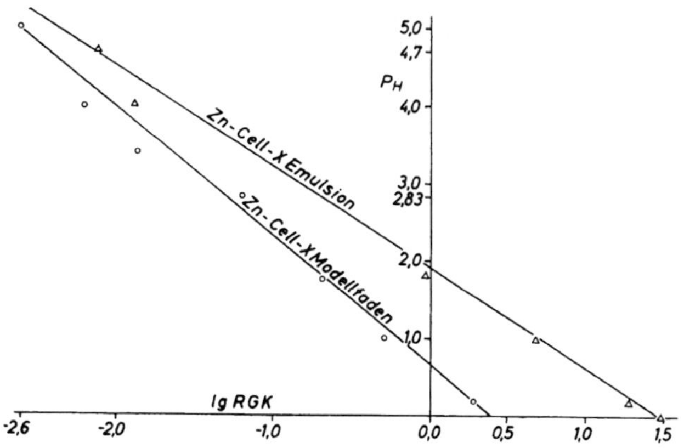

Bild 17. Die Abhängigkeit des lg RGK vom pH-Wert der Zersetzungslösung für Zn-Cellulosexanthogenat-Emulsionen und Modellfäden

3.5 diskutiert worden, wo in Tabelle 2 die Einzelwerte des Quotienten

$$\frac{RGK_{Na\text{-}Cell\text{-}X\,M}}{RGK_{Zn\text{-}Cell\text{-}X\,M}}$$

angegeben sind. Für den Kurvenverlauf der alkalischen Na-Cellulosexanthogenat-Modellfäden gilt das in Kapitel 3.5 unter c) gesagte.

Den Einfluß der Fadenform auf die RGK des Cellulosexanthogenates zeigt Bild 17.

Bei größeren pH-Werten spielt die Diffusion im Verhältnis zum Cellulosexanthogenatzerfall eine immer geringere Rolle, oder anders ausgedrückt, die Diffusion verzögert den Cellulosexanthogenatzerfall nur noch bei großen H^+-Konzentrationen.

4 Zusammenfassende Betrachtung über die Geschwindigkeiten der Diffusion der H-Ionen und den Zerfall des Cellulosexanthogenates bei der Fadenbildung

Bei dieser Betrachtung bleibt eine Reihe anderer Reaktionen wie z. B. die Koagulation des Viskosesols, die Ausbildung der Querschnittsform und die Anordnung der Struktureinheiten im Koagulat unberücksichtigt, weil sie entweder mit den verwendeten Methoden nicht erfaßbar oder aber durch die Diffusion und Regeneration mit gemessen wurden.

Der Fadenbildungsprozeß kann unter solchen Voraussetzungen in folgende Teilreaktionen gegliedert werden:

I. Neutralisation des Alkalis im Modellfaden;
II. Durchsäuerung des Modellfadens;
III. Regeneration des Cellulosexanthogenates beim pH-Wert des Spinnbades.

Die Summe der Teilreaktionen I, II, und III stellt die gemessene CS_2-Abspaltung des Fadens dar, da alle Spinnparameter mittel- oder unmittelbar auf den Zerfall des Cellulosexanthogenatfadens einwirken. Die Einzelreaktionen haben wir in der nachstehenden Weise ermittelt:

Die Teilreaktion I wurde durch den Umschlag des Indikators Bromkresolpurpur (pH = 5,2 bis 6,8) gemessen (siehe hierzu das Kapitel 2.3 im II. Teil). Die Teilreaktion II wurde nicht isoliert, sondern zusammen mit der Teilreaktion III durch die Regeneration des neutralen Na-Cellulosexanthogenat-Modellfadens bestimmt.

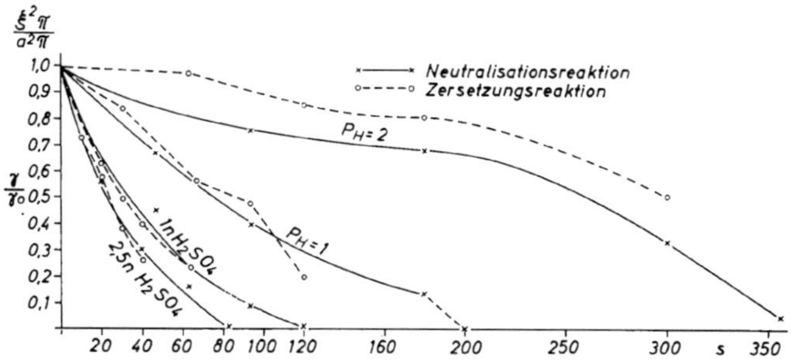

Bild 18. Die Neutralisations- und Gesamtreaktion für alkalische Na-Cellulosexanthogenat-Modellfäden

Die Teilreaktion III entspricht der Zersetzung einer Cellulosexanthogenatlösung bei dem entsprechenden pH-Wert des Spinnbades. Die Gesamtreaktion wurde durch die quantitative Messung des Zerfalls des Cellulosexanthogenates vom Austritt der Viskose aus der Düse bis zur Umwandlung in Regeneratcellulose bestimmt. Da die Teilreaktionen I, II und III zum Teil gleichzeitig ablaufen, ist die Zeit für den Gesamtprozeß kleiner als die Summe der Zeiten der Einzelreaktionen.

Den zeitlichen Ablauf der Neutralisation, der Regeneration des Cellulosexanthogenates und der Gesamtreaktion wird in den Bildern 18, 19 und 20 demonstriert, auf deren Ordinate der Bruchteil des noch nicht neutralisierten Fadens $\xi^2\pi/a^2\pi$ (Teilreaktion I) und der des noch nicht zersetzten Cellulosexanthogenates γ/γ_0 (Gesamtreaktion) in Abhängigkeit von der Zeit dargestellt sind.

Für alkalische Modellfäden ist die Reaktionsgeschwindigkeit für die Neutralisation (Teilreaktion I) und die Gesamtreaktion gleich. Die Reaktionsgeschwindigkeiten der Reaktionen II und III sind demnach so groß, daß sie innerhalb der Fehlergrenze der Methode liegen. (Für pH = 2 wird dieses Ergebnis dadurch verfälscht, weil bei pH $\geq$ 2 die Neutralisation des Alkalis teilweise im Spinnbad vor sich geht). Die Neutralisation oder Diffusion bestimmt demnach bei alkalischen Na-Cellulosexanthogenat-Modellfäden die Geschwindigkeit des fadenbildenden Prozesses (siehe hierzu Bild 18).

Bei reinen Na-Cellulosexanthogenat-Modellfäden gilt für die 1 n H_2SO_4 das gleiche, aber bei steigenden pH-Werten wird anstelle der Diffusion die Zersetzung des Cellulosexanthogenates (Teilreaktion III) zur geschwindigkeitsbestimmenden Reaktion. (Die RGK's für reine Na-Cellulosexanthogenat-Modellfäden und Lösungen differieren nur noch um 36% (siehe hierzu Bild 19).

Bei alkalischen Na-Cellulosexanthogenat-Kapillarfäden, wie sie in der Technik erzeugt werden ($\varnothing \approx 0{,}1$ mm) benötigt die Neutralisation nur einen Bruchteil der Zeit der Gesamtreaktion. Die Gesamtreaktion beansprucht dagegen etwa die gleiche Zeit wie die Zersetzung einer Cellulosexanthogenat-Lösung beim pH-Wert des Spinnbades. Demnach bestimmt hier die Teilreaktion III die Geschwindigkeit der Fadenbildung (siehe hierzu Bild 20).

Zacharov u. Mitarb. [8] haben nun aus der Abnahme des Xanthogenatgehaltes von Viskosekapillarfäden in verschiedenen Spinnbädern Diffusionskoeffizienten berechnet. Nach Bild 20 ist aber die Diffusion schon nach einem viel kürzeren Zeitraum beendet, als der Zeit, die zur Abspaltung des CS_2 erforderlich ist. Die von ihnen

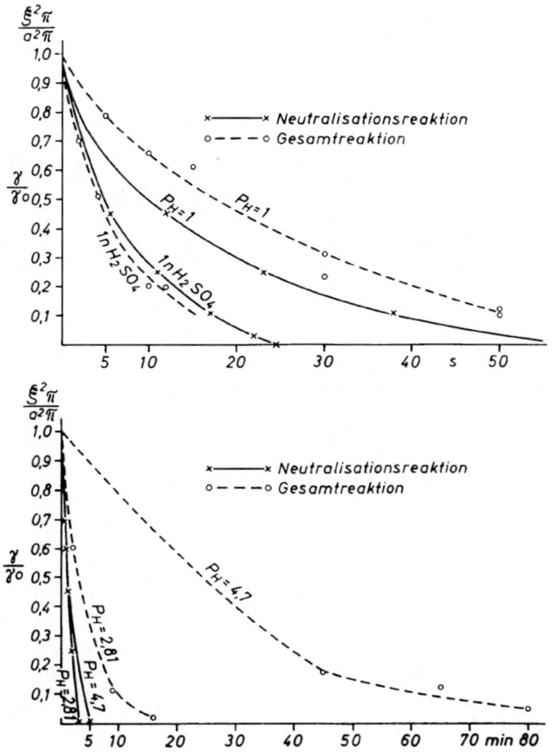

Bild 19. Die Neutralisation für reine Na-Cellulosexanthogenat-Modellfäden (pH = 8,8)

ermittelten Werte sind deshalb mit $D = 0{,}43$ bis $5{,}5 \times 10^{-7}$ cm²/s viel kleiner als die hier berechneten von $D = 2{,}59$ bis $0{,}18 - 10^{-5}$ cm²/s.

5 *Zusammenfassung*

Es wurde der Cellulosexanthogenatzerfall bei der Entstehung von Regeneratcellulosefäden aus Viskose untersucht. Das Cellulosexanthogenat zerfällt während der Fadenbildung nach einer Reaktion 1. Ordnung. Die Reaktionsgeschwindigkeitskonstante (RGK) des Cellulosexanthogenatzerfalls ist in folgender Weise von den nachstehenden Parametern abhängig,

vom Ausgangs-γ-Wert:

RGK (γ) = unabhängig (γ = 48,7 bis 29,0);

vom Fadendurchmesser:

RGK (∅) = stark abhängig (∅ = 0 bis 1,6 mm);

von der Temperatur:

$$RGK(T) = RGK\,(T_0) \cdot e^{\frac{-A}{RT}}$$

(A = vom Versuchsobjekt abhängige Aktivierungsenergie);

vom Versuchsobjekt:

RGK (Versuchsobjekt) = stark abhängig

in folgender Reihenfolge:

$RGK_{\text{Na-Cell-X-Lösung}} > RGK_{\text{Zn-Cell-X-Emulsion}} >$

$RGK_{\text{neutraler Na-Cell-X-Modellfaden}} >$

$RGK_{\text{neutraler Zn-Cell-X-Modellfaden}} >$

$RGK_{\text{alkalischer Na-Cell-X-Modellfaden}}$.

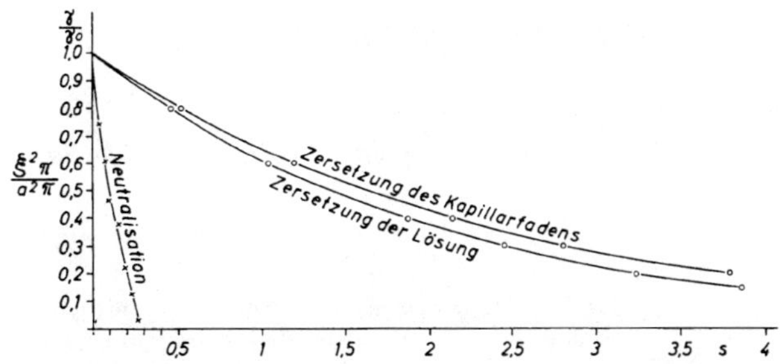

Bild 20. Die Neutralisations- und Gesamtreaktion für alkalische Na-Cellulosexanthogenat-Kapillarfäden ∅ = 0,0925 mm im Spinnbad 2,5 n H_2SO_4

Vom Modifikator:

RGK (Modifikator) = abhängig

$RGK_{\text{mod.}} < RGK_{\text{unmod.}}$

von dem pH-Wert der Zersetzungslösung:

$\lg RGK\,(pH) = c \cdot pH + d$

(c und d sind vom Versuchsobjekt, der Temperatur und dem Fadendurchmesser abhängige Konstanten).

Bei alkalischen Na-Cellulosexanthogenat-Modellfäden bestimmt allein die Diffusion die Geschwindigkeit der Fadenbildung (Gesamtreaktion).

Bei neutralen Na-Cellulosexanthogenat-Modellfäden bestimmen bei sehr kleinen pH-Werten ebenfalls die Diffusion der H^+ und bei größeren pH-Werten die Regeneration des Cellulosexanthogenates die Geschwindigkeit der Fadenbildung.

Bei Viskosekapillarfäden bestimmt in der Hauptsache die Regeneration des Cellulosexanthogenates die Geschwindigkeit der Fadenbildung.

Wie an einem Beispiel gezeigt werden konnte, sind die an Modellfäden erzielten Ergebnisse und die hierbei entwickelten Meß- und Rechenmethoden auf die viel dünneren Viskosekapillarfäden des Spinnprozesses übertragbar.

Frl. *H. Schaller* sei an dieser Stelle für die fleißige und sorgfältige Hilfe bei der Durchführung der Experimente gedankt.

Literatur

[1] *Philipp, B.*, Faserforsch. u. Textiltechn. **5** (1954) S. 210 bis 211.
Philipp, B., und *Tryonadt, A.*, Faserforsch. u. Textiltechn. **12** (1961) 7. S. 343–351.

[2] *Philipp, B.*, und *Dautzenberg, H.*, Faserforsch. u. Textiltechn. **9** (1958) 8, S. 307–321.

[3] *Bobeth, W.*, und *Kittelmann, W.*, Faserforsch. u. Textiltechn. **13** (1962) 7, S. 293–299.

[4] *Takizawa, A.*, J. Soc. Textile Cellulose Ind., Japan **16** (1960) 11, S. 950–961.

[5] *Zavjalova, N. N.*, und *Pakšver, A. B.*, Isk. Volokno, Moskva (Kunstfaser) **4** (1952) S. 43–46.

[6] *Danilov, S. N.*, und *Gince, N. F.*, Prom. org. Chimii **12** (1938) S. 736–742.

[7] *Cox, N. L.*, DBP 829649 und DBP 860389.

[8] *Zacharov, V. S.*, *Zelenkov, J. G.*, und *Pakšver, A. B.*, Chim. Volokna (Chem. Fasern) **2** (1962) 3, S. 28–30.

Eingegangen am 6. Februar 1964

Faserforschung und Textiltechnik 15 (1964) Heft 5

Elektronenmikroskopische Untersuchungen an Supercordfäden

Reinhard Maron, Anneliese Gröbe und Gerhard Casperson

Deutsche Akademie der Wissenschaften zu Berlin, Institut für Faserstoff-Forschung in Teltow-Seehof

DK 677.463.061.71:677.062
537.533.35:539.216.1

Durch Untersuchung der Oberflächenabdrücke von Supercordfäden im Elektronenmikroskop konnte auch an technischen Fäden die spezifische Wirkung von Modifikatoren auf die Struktur der Fadenoberfläche gezeigt werden.

Электронномикроскопические исследования суперкордных нитей

Путем изучения реплик поверхности суперкордных нитей методом электронной микроскопии удалось показать специфическое действие модификаторов на структуру поверхности и в случае технических нитей.

Electron Microscopical Investigations on Supercord Filaments

The specific effect of modifiers on the superficial structure could be indicated also on technical filaments by electron microscopical investigations of replica obtained from supercord filaments.

In der 18. Mitteilung [1] über die Fadenbildung von Viskosekapillarfäden zeigten wir den Einfluß der Zinkionenkonzentration, der Spinnbadtemperatur und verschiedener Modifikatoren auf die Oberflächenstruktur von Viskosekapillarfäden. Diese Fäden wurden an einer Laborspinnapparatur mit Einlochdüse ersponnen. Der Zusatz von Modifikatoren zur Viskose hatte eine Verkleinerung der an der Fadenoberfläche erkennbaren Strukturelemente zur Folge.

Ziel der vorliegenden Arbeit war die Untersuchung der Oberflächen von unter technischen Bedingungen ersponnenen Supercordfäden. Für die Herstellung der Oberflächenabdrücke der Fasern wurde die in [1] beschriebene Technik der Direktbedampfung angewandt.

Bild 1 und 2 zeigen die Oberflächenstruktur der Supercordfasern vom Typ Glanzstoff RT 600 und Glanzstoff RT 700. Die Oberflächen dieser Fasern zeichnen sich gegenüber den bisher von uns untersuchten Proben [1, 2] durch große Gleichmäßigkeit und Kleinheit der Strukturelemente aus, die in Richtung der Faserachse verlaufen. Das Auftreten von in Richtung der Faserachse angeordneten Strukturelementen konnte durch *Kling*, *Mahl* und *Heumann* [3] sowie durch *Käppner* [4] bei technischen Proben bestätigt werden. Die Bilder 3 bis 8 zeigen die Oberflächen von Fasern, die auf einer einstelligen Technikumsmaschine nach einer Supercordstandardtechnologie [5] ersponnen wurden. Der Modifikator war entweder nur der Viskose oder nur dem Spinnbad zugesetzt, um seine Wirkung auf die Fadenoberfläche zu prüfen. Bei früheren Untersuchungen an unverstreckten Celluloseregeneratfäden konnten wir zeigen, daß die Ausbildung der an der Fadenoberfläche vorhandenen Strukturelemente auch dann vom Modifikator beeinflußt wird, wenn dieser nur im Spinnbad enthalten ist [6]. Als Modifikatoren fanden Cyclohexylamin, Oxydwachs AN vom Molgewicht 1500 und Atlas G 3525¹) Verwendung.

In Tabelle 1 sind die mittels Meßlupe ausgemessenen Werte für die Breite der an der Oberfläche vorhandenen Strukturelemente aufgeführt. Des weiteren enthält die Tabelle einen nach TGL 0-53804 berechneten Variationskoeffizienten für die angegebenen Mittelwerte als Maß für die Gleichmäßigkeit. Die Mittelwerte sind für die Proben RT 600 und RT 700 am niedrigsten, sie liegen bei 450 Å. Mit einem Mittelwert von 560 Å kommt eine mit Oxydwachs AN in der Viskose ersponnene Faser diesen Proben sehr nahe. Bei Zusatz von Cyclohexylamin liegen die Mittelwerte bei 650 Å bis 700 Å, wobei eine Entscheidung darüber, ob der Modifikator dem Spinnbad oder der Viskose zugesetzt war, nicht möglich ist. Diese Entscheidung kann bei Verwendung von Oxydwachs AN und Atlas G 3525 getroffen werden. Wird eine dieser beiden Verbindungen dem Spinnbad zugesetzt, so sind die Mittelwerte für die Breite der Strukturelemente größer, als wenn die Verbindung in der Viskose enthalten ist. Ganz allgemein kann festgestellt werden, daß die hier aufgeführten Modifikatoren bei Anwendung der Supercordstandardtechnologie zu breiteren Strukturelementen an der Fadenoberfläche führen, als sie für die Fasern RT 600 und RT 700 ermittelt werden konnten. Wie schon erwähnt, wollen wir den Variationskoeffizienten, der die relative

Tabelle 1. Mittlere Breite und Gleichmäßigkeit der Strukturelemente an der Oberfläche verschiedener Supercordfäden

Probe Modifikatorzusatz	Mittlere Breite der Strukturelemente [Å]	Variationskoeffizient [%]
RT 700	450	16,8
RT 600	450	18,8
Supercordfaser (1,7 g/l CHA i. d. Viskose)	650	18,1
Supersordfaser (2 g/l CHA im Spinnbad)	680	20,4
Supercordfaser (1,7 g/l Oxydwachs AN i. d. Viskose)	560	25,5
Supercordfaser (2,0 g/l Oxydwachs AN im Spinnbad)	730	20,0
Supercordfaser (1,7 g/l Atlas G 3525 i. d. Viskose)	760	25,1
Supercordfaser (2,0 g/l Atlas G 3525 im Spinnbad)	970	29,4

¹) Bei diesem Produkt, für dessen Überlassung wir der Atlas-Goldschmidt G. m. b. H., Essen, auch an dieser Stelle danken, handelt es sich um ein höher oxäthyliertes Amin.

Bild 1. Oberflächenstruktur von Glanzstoff RT 600

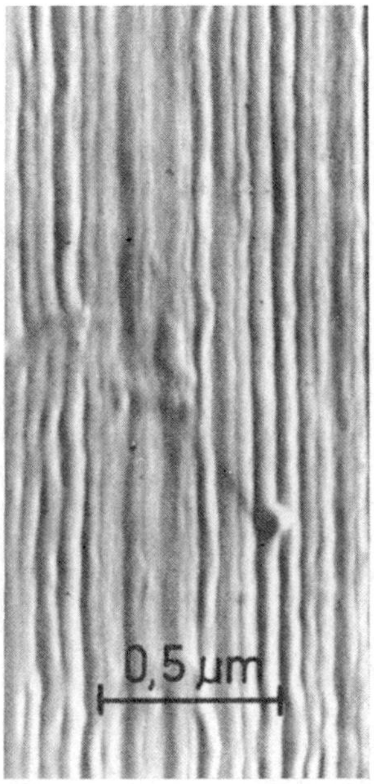

Bild 2. Oberflächenstruktur von Glanzstoff RT 700

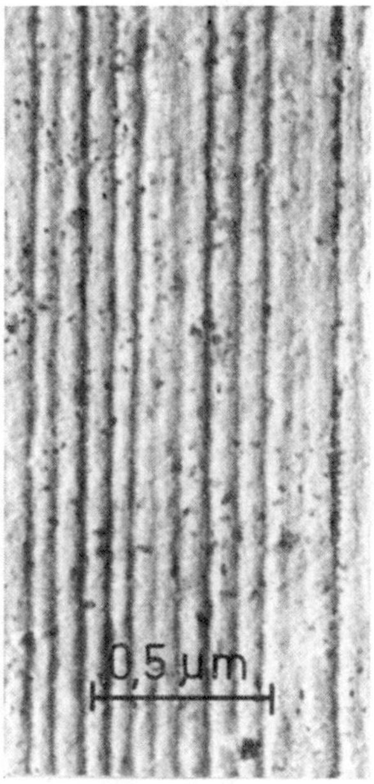

Bild 3. Oberflächenstruktur einer Supercordfaser mit Cyclohexylamin in der Viskose (1,7 g/l)

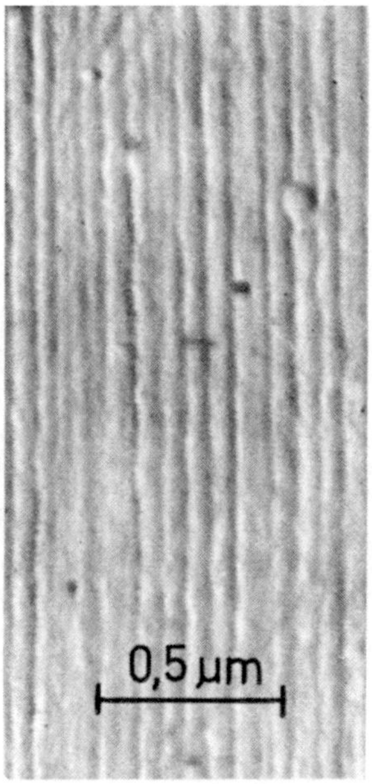

Bild 4. Oberflächenstruktur einer Supercordfaser mit Cyclohexylamin im Spinnbad (2 g/l)

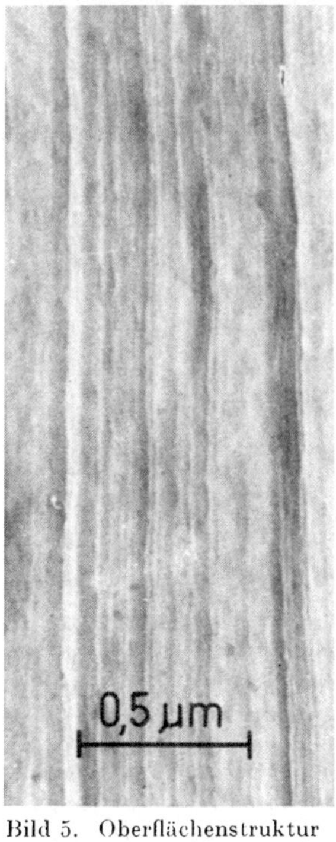

Bild 5. Oberflächenstruktur einer Supercordfaser mit Oxydwachs AN in der Viskose (1,7 g/l)

Bild 6. Oberflächenstruktur einer Supercordfaser mit Oxydwachs AN im Spinnbad (2 g/l)

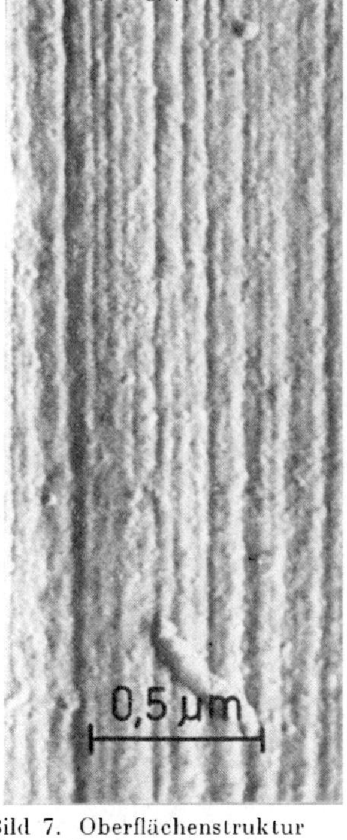

Bild 7. Oberflächenstruktur einer Supercordfaser mit Atlas G 3525 in der Viskose (1,7 g/l)

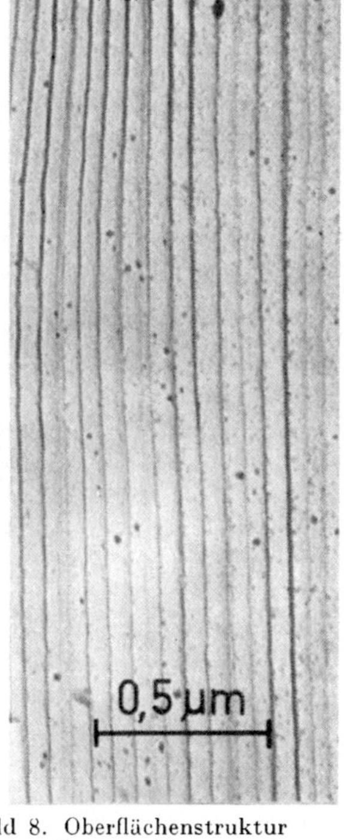

Bild 8. Oberflächenstruktur einer Supercordfaser mit Atlas G 3525 im Spinnbad (2 g/l)

Schwankung der Einzelwerte um den Mittelwert darstellt, als Maß für die Gleichmäßigkeit betrachten. Aus den in der Tabelle angegebenen Werten für den Variationskoeffizienten geht hervor, daß die Oberfläche von RT 600 und RT 700 Strukturelemente enthält, deren Abweichung vom Mittelwert im Vergleich zu den übrigen Proben am kleinsten ist. Diese Sonderstellung von RT 600 und RT 700 in bezug auf die Breite und Gleich-

Tabelle 2. Textile Prüfwerte der untersuchten Proben

Probe	Verstrek-kung [%]	Festigkeit trock. [p/den]	Festigkeit naß [p/den]	Dehnung trock. [%]	Dehnung naß [%]	Rel. Naßfestigkeit [%]
RT 700		6,00		13,1		
RT 600		5,25		11,8		
Supercordfaser (1,7 g/l CHA i. d. Viskose)	112	4,33	3,12	8,4	18,4	72,2
Supercordfaser (2,0 g/l CHA im Spinnbad)	112	4,25	3,10	8,6	16,6	72,5
Supercordfaser (1,7 g/l Oxydwachs AN i. d. Viskose	112	4,30	3,44	8,6	19,5	80,4
Supercordfaser (2,0 g/l Oxydwachs AN im Spinnbad)	112	4,20	3,04	8,1	17,8	72,4
Supercordfaser 1,7 g/l Atlas G 3525 i. d. Viskose)	102	4,10	3,30	10,6	20,0	80,9
Supercordfaser (2,0 g/l Atlas G 3525 im Spinnbad	102	3,36	2,29	8,1	13,7	68,3

mäßigkeit der Strukturelemente, verbunden mit den ausgezeichneten textilen Prüfwerten, veranlaßte uns zu untersuchen, ob sich ein Zusammenhang zwischen der Oberflächenstruktur und den textilen Prüfwerten finden läßt. Diese Werte sind in Tabelle 2 zusammengestellt[2]. Von den in der Tabelle angegebenen Daten soll zunächst nur die Trockenfestigkeit zum Vergleich herangezogen werden. In der Reihenfolge RT 700, RT 600, Oxydwachs AN, CHA und Atlas G 3525 werden die Mittelwerte für die Breite der Strukturelemente größer. Betrachtet man im Vergleich dazu die Trockenfestigkeiten, so ist in der oben angegebenen Reihenfolge kein überzeugender Zusammenhang vorhanden; z. B. unterscheiden sich die Trockenfestigkeiten der mit CHA und mit Oxydwachs AN in der Viskose modifizierten Proben nicht, während die Mittelwerte der Strukturelemente um 100 Å differieren. Die mit Atlas G 3525 modifizierten Proben zeigen dagegen eine Erniedrigung der Trockenfestigkeit bei einer Zunahme der mittleren Breite der Strukturelemente. Bezieht man in die Betrachtungen über einen Zusammenhang zwischen Trockenfestigkeit und Oberflächenstruktur den Variationskoeffizienten mit ein, dann werden diese Zusammenhänge deutlicher.

Die gleichen Trockenfestigkeiten bei den mit CHA und Oxydwachs AN modifizierten Proben trotz unterschiedlicher Breite der Strukturelemente lassen sich mit einem kleineren Variationskoeffizienten bei breiteren Strukturelementen (CHA) erklären. Daraus geht hervor, daß für einen solchen Vergleich zwischen der Oberflächenstruktur und den textilen Werten zwei Größen berücksichtigt werden müssen, die Breite der Strukturelemente und deren Gleichmäßigkeit, ausgedrückt durch den Variationskoeffizienten. Eine Faser mit guten textilen Eigenschaften sollte demnach Strukturelemente an der Oberfläche besitzen, die bei relativer Kleinheit eine große Gleichmäßigkeit aufweisen. Als Beispiele dafür kann man die Fasern RT 600 und RT 700 ansehen (s. Tabelle 1). Beispiele in der anderen Richtung stellen die Proben dar, die Atlas G 3525 und Oxydwachs AN in der Viskose und im Spinnbad enthielten. So besitzt die Probe mit Atlas G 3525 im Spinnbad die breitesten Strukturelemente, den größten Variationskoeffizienten und die niedrigste Trockenfestigkeit.

Eine Betrachtung der in dieser Arbeit gezeigten elektronenmikroskopischen Aufnahmen von Oberflächen technischer Supercordfäden führt zu der bereits in [1] getroffenen Feststellung, daß der Zusatz von Modifikatoren die Oberflächenstruktur beeinflußt. Auch an technischen Fäden läßt sich feststellen, daß die Wirkung der als Modifikatoren eingesetzten Verbindungen unterschiedlich sein kann.

Die Wirkung des Modifikators im Spinnbad auf die Oberflächenstruktur der Fäden wollen wir als erneuten Hinweis auf eine kolloidchemische Wirkungsweise dieser Verbindungen gewertet wissen.

Eine Gegenüberstellung von Breite und Gleichmäßigkeit der Strukturelemente einerseits und den textilen Eigenschaften, in unserem Falle der Trockenfestigkeit, andererseits, ergibt Anhaltspunkte dafür, daß sich bereits zwischen der Oberflächenstruktur der Fäden und deren Qualität ein Zusammenhang finden läßt.

Weitere Hinweise über eine Beziehung zwischen Oberflächenstruktur und Fadeneigenschaften erhielten wir aus Untersuchungen über den Einfluß der Relaxation auf diese Größen. Darüber werden wir in einer weiteren Mitteilung berichten.

Anmerkung:

In einer vor kurzem erschienenen Arbeit von *Kaeppner* [4] vertritt der Autor die Meinung, daß die von uns in [2, 6] geäußerte Ansicht über die Rolle der Modifikatoren bei der Bildung der Bündel und deren Anordnung eine zu weitreichende Schlußfolgerung sei. Als Begründung führt der Autor an, daß eine Furchung bei Supercordfasern nur auf die Faseroberfläche beschränkt ist und eine Ultraschallbehandlung bzw. eine Behandlung der Proben mit einem Ultra-Turrax-Gerät keine diskreten Fibrillenbündel ergab.

Die von *Kling, Mahl* und *Heumann* [3] zum selben Thema durchgeführten Experimente führten zu einem gegenteiligen Ergebnis. Sie stellten fest, daß in einem Ultra-Turrax-Gerät hergestellte Mahlpräparate von normalen Viskosefasern kurze fibrillige Bruchstücke zeigten, während mit Modifiern dopegesponnene Fasern gut ausgebildete lange Fibrillen bzw. Fibrillenbündel lieferten. Auch *Abramova, Tuckov* und *Fedorova* [7] fanden an mit Ultraschall dispergierten Proben dopegesponnener Fasern parallelorientierte Fibrillen und einen spezifischen Einfluß der Modifikatoren auf die Feinstruktur der Fasern.

Aus diesen unterschiedlichen Untersuchungsergebnissen ergibt sich die Problematik dieser Methode und der daraus

[2]) Die in Tabelle 2 angegebenen Werte für RT 600 und RT 700 sind der Mitteilung über die „Neue Glanzstoff-Festreyon Type RT 700", Chemiefasern **13** (1963) S. 259 entnommen.

abgeleiteten Schlußfolgerungen über den strukturellen Aufbau der Fasern.

Gegenstand unserer bisherigen Untersuchungen war die Prüfung des Modifikatoreinflusses und der Spinnbadbestandteile auf die Fadenoberfläche. Aussagen über das Vorhandensein und die Anordnung von Struktureinheiten im Innern des Fadens sind aus diesen Untersuchungen nicht möglich und sind von uns auch nicht abgeleitet worden.

Literatur

[1] *Maron, R., Gröbe, A., Klare, H.*, und *Casperson, G.*, Faserforsch. u. Textiltechn. **14** (1963) S. 313—319.

[2] *Klare, H., Gröbe, A., Maron, R., Mann, G., Jost, H.*, und *Casperson, G.*, Chim. Volokna (Chemische Fasern) **4** (1962) 6, S. 14—21.

[3] *Kling, W., Mahl, H.*, und *Heumann, W.*, Melliand Textilber. **44** (1963) 4, S. 335—339.

[4] *Kaeppner, W. M.*, Tappi **46** (1963) 11, S. 637—644.

[5] *Schmiedeknecht, H.*, und *Klare, H.*, Abhdlg. Dtsch. Akad. Wiss. zu Berlin, Klasse f. Chemie, Biologie und Geologie (1963) 1, S. 137—151.

[6] *Gröbe, A., Klare, H., Maron, R., Jost, H.*, und *Casperson, G.*, Faserforsch. u. Textiltechn. **13** (1962) S. 1—9.

[7] *Abramova, E. A., Tuckov, B. S.*, und *Fedorova, E. B.*, Ž. prikl. Chim. (Z. angew. Chemie) **34** (1961) 11, S. 2516—2524.

Eingegangen am 7. Februar 1964

Über die Bildung von Zellwänden bei Laubhölzern

3. Mitt.: Über die Lumenbegrenzung beim Reaktionsholz [1])

Gerhard Casperson und Erika Hoyme

Deutsche Akademie der Wissenschaften zu Berlin, Institut für Faserstoff-Forschung in Teltow-Seehof

DK 581.8:674.031:674.038.15

Die Zellwände des Reaktionsholzes von *Quercus* bilden lumenseitig eine Tertiärlamelle aus, die mitunter lignifiziert ist, während bei *Populus* diese Lumenbegrenzung Pectineinlagerungen aufweist und mit einer Tertiärlamelle identisch sein könnte. Bei *Aesculus* versagen die Nachweismethoden auf Tertiärlamellen. Lediglich fluoreszenzmikroskopisch kann die jeweils zuletzt angelegte Lamelle der *G*-Schicht sichtbar gemacht werden, womit ein weiterer Beweis für den lamellaren Aufbau der Zellwand erbracht ist.

Об образовании клеточных стенок в древесн ие лиственных пород. 3. Сообщ.: О граничном слое со стороны лумена у креневой древесины

Клеточные стенки креневой древесины дуба образуют со стороны лумена третичную пластинку, которая в некоторых случаях лигнифицирована, в то время как у тополя этот граничный слой содержит отложения пектина и возможно идентичен с третичной пластинкой. У конского каштана доказательство наличия третичной пластинки вуществующими методами не является возможным. Только при помощи флуоресцентной микроскопии можно сделать видимой позже всего отложенную ламеллу G-слоя, что является дальнейшим доказательством концентрического строения клеточной стенки.

On the Cell Wall Formation of Hardwoods. 3rd Comm: On the Border of the Lumen in Reaction Wood

Cell walls forms a tertiary lamella in reaction wood of *Quercus* at the site of the lumen, which is sometimes lignified, while the border of the lumen of *Populus* has pectin incorporated and may be identical with a tertiary lamella. In *Aesculus* all the methods of identification a tertiary lamella failed. Only by fluorescence microscopy the last formed lamella of the *G*-layer may be brought to visibility, which furnishs a further support for the hypothesis of the lamellary structure of the cell wall.

1 *Einleitung*

Das Reaktionsholz der Laubbäume zeichnet sich durch eine ligninfreie Zellwandschicht aus, die wegen ihres gelatinösen Aussehens gelatinöse Schicht oder G-Schicht genannt wird [8]. Diese G-Schicht reicht oft bis an das Lumen, so daß sie von einigen Autoren als Tertiärlamelle angesprochen wird [7, 29, 30, 31]. Doch unterscheidet sich die Ultrastruktur der G-Schicht deutlich von der einer Tertiärlamelle, die meist eine flache Schraubung der Fibrillenorientierung aufweist, während die Textur der G-Schicht fast achsenparallel ist [16, 38]. Untersuchungen von *Wardrop* und *Dadswell* [39] haben weiterhin ergeben, daß die G-Schicht innerhalb der Zellwand eine unterschiedliche Lage einnehmen kann. So ist die G-Schicht im Spätholz von *Eucalyptus gigantea* der Sekundärwand (S_2), beim Frühholz dagegen der Übergangslamelle (S_1) und bei einer *Flacoutiaceen*-Art der Tertiärlamelle aufgelagert. Die G-Schicht kann aber auch von einer lignifizierten Wandschicht gegen das Lumen begrenzt sein, wie *Jutte* [21] es von *Ocotea rubra* beschreibt. Demnach deuten die Lage der G-Schicht in der Zellwand, ihre submorphologische Struktur und chemische Zusammensetzung auf eine Sonderstellung hin, die sich nicht in das Zellwandschema von *Kerr* und *Bailey* [22] einordnen läßt. Auch die Ursachen der Reaktionsholzbildung bestärken diese Annahme [3, 4, 6].

Das Vorkommen oder Fehlen einer besonderen Lumenbegrenzung wird, vor allem auf Grund elektronenmikroskopischer Befunde, verschieden beurteilt [4, 5, 10, 33]. Dieses hat uns dazu veranlaßt, das Vorkommen einer Lumenbegrenzung bei der G-Schicht mittels verschiedener Methoden eingehend zu prüfen, wobei an dieser Stelle über lichtmikroskopische Untersuchungen berichtet wird, während die elektronenmikroskopischen einer gesonderten Veröffentlichung vorbehalten bleiben.

2 *Methode*

Von *Aesculus hippocastanum*, *Populus spec.* und *Quercus robur* wurden von frischen Zweigen 5 bis 10 μm dicke Querschnitte auf einem Mikrotom mit CO_2-Gefriereinrichtung hergestellt und sofort nach dem Schneiden mikroskopiert bzw. extrahiert. Als erstes wurde in den ungefärbten Schnitten polarisationsmikroskopisch nach einer Lumenbegrenzung mit einer flachen Schraubung der Cellulosefibrillen gesucht. Danach kamen Färbungen mit Chlorzinkjod nach

[1]) 2. Mitt. s. [4].

Tabelle 1. Übersicht über Fluorochrome, die bei unseren Untersuchungen auf Holz ansprachen (vgl. Text)

Fluorochrom	Herkunft	Fluoreszenz	Wirksamkeit
Acredingelb	Chroma Stuttgart	x	kath.
Acredinrot	Bayer	x	kath.
Auramin conc.	Bayer	xx	kath.
Berberinsulfat	Arco-Chemie Berlin	xxx	kath.
Fluorescein	Laborchemie Apolda	xx	anod.
Phloxin	Laborchemie Apolda	x	anod.
Rhodamin-B extr.	Feinchemie Sebnitz	x	anod.
Thioflavin	Schuchardt München	xxx	anod.

Herzberg, Phloroglucin-HCl nach *Wiesner*, Fuchsin-Pikrinsäure nach *Kisser*, Viktoriablau-B nach *Bucher* oder schwach ammoniakalische Rutheniumrotlösung 1:10000 (pH 9) zur Anwendung.

Extraktionen wurden nach folgenden Methoden durchgeführt: 8 h bei 70 °C in einem azeotropen Gemisch von Alkohol und Benzol, 12 h in destilliertem Wasser bei 100 °C [20] oder 8 h in 0,5%iger Ammonoxalatlösung bei 70 °C [20], 72 h mit 5%iger NaOH bei Zimmertemperatur [23], 8 h mit Natriumchlorit bei 70 °C [1].

Für fluoreszenzmikroskopische Untersuchungen stand die Fluoreszenzleuchte mit Quecksilberhöchstdrucklampe HBO 50 von VEB Carl Zeiss Jena und Erregerfilter UG 1/3,5 von VEB Schott & Gen. Jena zur Verfügung [32]. Unter einer Vielzahl geprüfter Fluorochrome zeigten 8 eine schwache (x) bis starke (xxx) Fluoreszenz im Holzkörper (Tabelle 1). Die physikochemische Wirkung der Farbstoffe, in der Tabelle 1 mit Wirksamkeit bezeichnet, wurde auf Rundfiltern nach der auf *Goppelsröder* zurückgehenden Kapillarmethode geprüft (*Strugger* [36], Seite 24). Durch dieses einfache Verfahren lassen sich die chemisch sehr unterschiedlich gebauten Farbstoffe in kathodische und anodische gliedern, wobei Rhodamin-B nach Literaturangaben elektroneutral sein soll [14, 36]. Die Färbedauer betrug 2, 5, 10 min, 1, 2, 24 h. Für visuelle Untersuchungen wurden kurze, für die Mikrophotographie, wegen einer größeren Gleichmäßigkeit der Durchfärbung, die längeren Zeiten bevorzugt [13].

3 Ergebnisse

3.1 Vergleichende Untersuchungen an Roßkastanie, Pappel und Eiche

Die G-Schicht bei Pappel und Kastanie reicht bis an das Lumen, ohne daß mit Ligninreagentien oder polarisiertem Licht eine von der G-Schicht abweichende Lumenbegrenzung nachweisbar ist (Bild 1). Dieses entspricht dem meist in der Literatur beschriebenen Typ [11, 18, 19]. Dagegen ist bei Eiche auf die G-Schicht noch eine Wandschicht aufgelagert, die sich fluoreszenzmikroskopisch und färberisch von der G-Schicht deutlich unterscheidet. Besonders ausgeprägt erscheint die Lumenbegrenzung im Spätholz, wo sie mitunter eine Dicke von 2 μm erreicht (Bild 2). Diese Auflagerung gibt mit Fuchsin-Pikrinsäure häufig eine positive Ligninreaktion. Rutheniumrot und Viktoriablau-B färben die Lumenbegrenzung besonders deutlich an. Damit dürfte diese Lumenbegrenzung eine Tertiärlamelle sein, zumal bei Normalholz die gleichen Befunde vorliegen. Es ist möglich, daß unsere Ergebnisse eine Erklärung für die von *Jutte* [21] bei *Ocotea rubra* gefundene lignifizierte Lumenbegrenzung sind. Die G-Schicht der Eiche besitzt eine Reihe von Besonderheiten, über die wir in einer gesonderten Veröffentlichung berichten wollen.

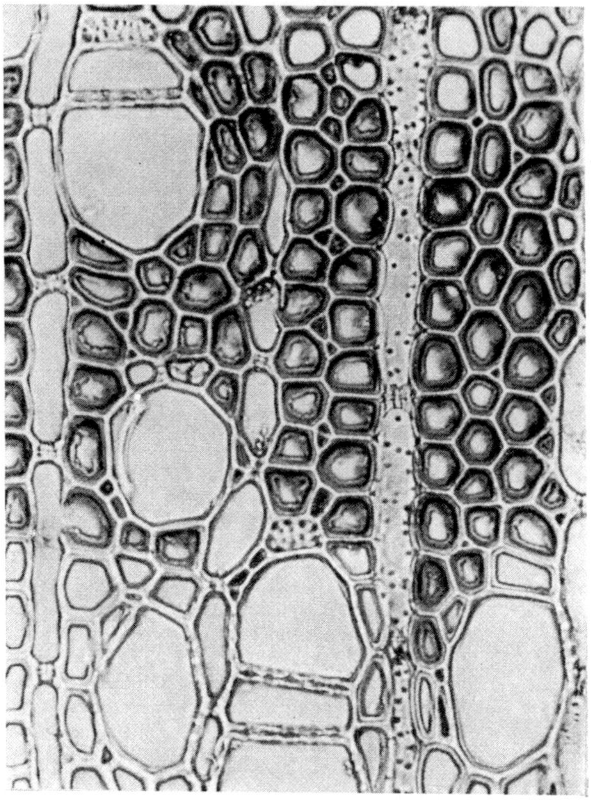

Bild 1. Querschnitt von *Aesculus hippocastanum* mit Chlorzinkjod gefärbt. G-Schichten violett gefärbt. Vergr. 400:1

Vielfach wird zum Nachweis der Tertiärlamelle Rutheniumrot verwandt. Mit diesem Reagens erhielt *Zenker* [40] bei *Populus berolinensis* und *P. regenerata* eine gefärbte Lumenbegrenzung:

„Untersuchungen über die Natur der Zugholzfasern haben ergeben, daß sich im Anschluß an die Zugholzlamelle, das Zellumen begrenzend, eine dünne Wandschicht befindet, die bei Behandlung mit stark quellend wirkender Chlorzinkjodlösung ungefärbt bleibt, sich aber wie die innere Schicht der Sekundärwand der normalen Holzzellen mit Rutheniumrot rot färbt und gegenüber einem Pilzangriff von *Schizophyllum commune* resistenter ist als die breite Zugholzlamelle. Aus den vorliegenden Untersuchungen ist zu schließen, daß diese innerste Wandschicht der Zugholzzellen der inneren Schicht der Sekundärwand der normalen Holzzellen entspricht".

Auch mit *Poria vaporaria*, *Chaetomium globosum* und *Penicillium luteum* blieb eine feine Lamelle übrig, die *Zenker* [41] als Bildungslamelle im Sinne von *Frey-Wyssling* [12] oder als Tertiärwand im Sinne von *Meier* [24] und *Meier* und *Yllner* [28] deutet. Wir fanden bei unseren Untersuchungen die Ergebnisse von *Zenker* bei Pappel bestätigt. Mittellamelle und Primärwand erscheinen mit Rutheniumrot gefärbt leuchtend rot, die G-Schicht völlig farblos, wobei diese gegen das Lumen von einem roten Saum begrenzt wird (Bild 3). Bei Kastanie ist die G-Schicht selbst leicht angefärbt, es fehlt aber hier die Lumenbegrenzung. Die Eiche speichert auch in der G-Schicht Rutheniumrot recht stark, von der sich eine rotgefärbte Lumenbegrenzung stets deutlich abhebt. *Jaccard* [15] erwähnte bereits, daß die G-Schicht Rutheniumrot speichern kann, woraus er allerdings eine Pectineinlagerung ableiten will. *Frey-*

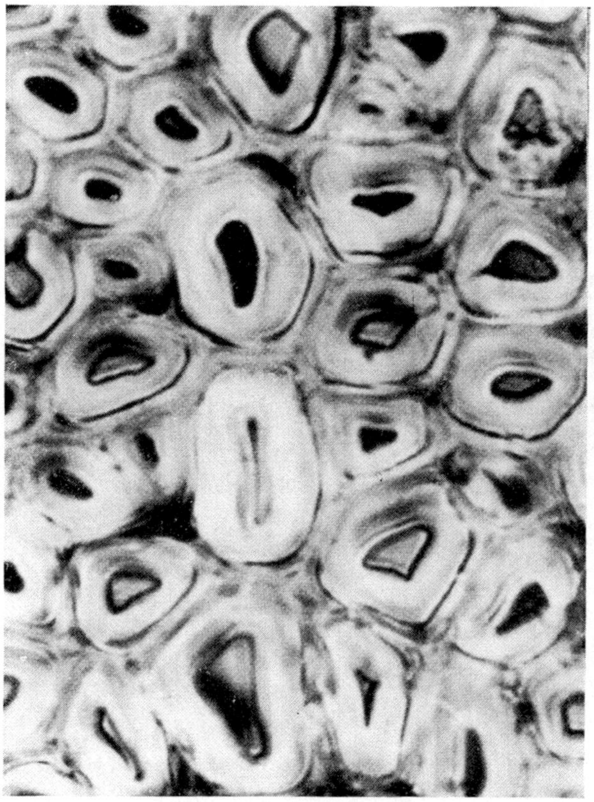

Bild 2. Querschnitt von *Quercus robur* mit Fuchsin-Pikrinsäure gefärbt. Auf eine farblose G-Schicht ist eine gefärbte Tertiärlamelle aufgelagert. Vergr. 1500:1

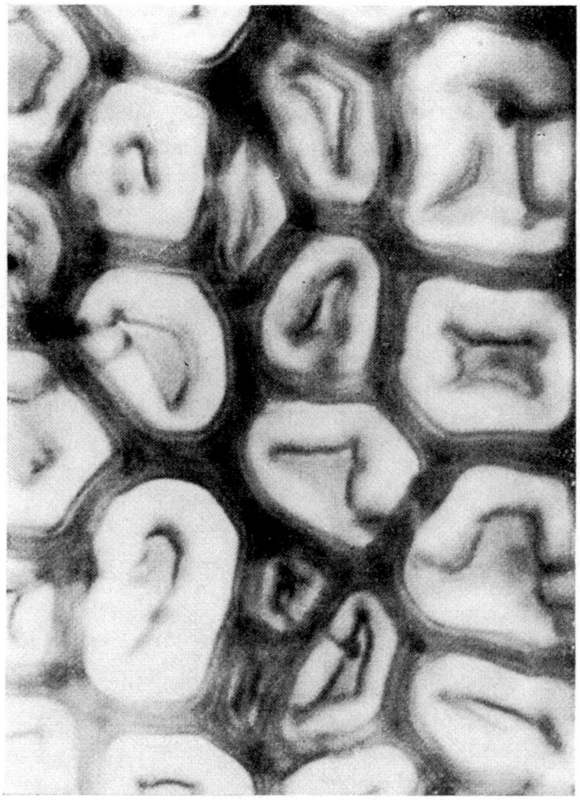

Bild 3. Querschnitt von *Populus spec.* mit Rutheniumrot gefärbt. Auf eine farblose G-Schicht ist eine kräftig rot gefärbte Lumenbegrenzung aufgelagert. Vergr. 2400:1

Wyssling ([12], S. 138) warnt vor voreiligen Schlüssen, da Rutheniumrot kein spezifisches Pectinreagens ist, sondern auch andere Zellwandbestandteile, vornehmlich wenn sie Uronsäuregruppen enthalten, anfärbt.

Um die Natur der Färbung mit Rutheniumrot bei der Lumenbegrenzung der Pappel einerseits und der bei der G-Schicht von Kastanie und Eiche andererseits zu klären, wurde zunächst Pectin gelöst, indem die Mikrotomschnitte mit destilliertem kochenden Wasser oder mit 0,5%iger Ammonoxalatlösung bei 70°C behandelt wurden. Beide Methoden erbrachten übereinstimmende Ergebnisse bei einer Rutheniumrotfärbung. Bei Pappel war die Lumenbegrenzung merklich heller und die G-Schicht leicht rosa getönt. Dagegen zeigten Eiche und Kastanie keine wesentlichen Veränderungen der Färbung gegenüber den unextrahierten Schnitten. Aus den mit Ammonoxalat vorbehandelten Schnitten wurden nun die Hemicellulosen durch Einlegen in 5%ige Natronlauge gelöst. Danach war bei keiner der drei Pflanzenarten eine Rutheniumrotfärbung zu erzielen. Die Ergebnisse lassen sich so deuten, daß die Pappel eine pectinreiche Lumenbegrenzung hat, während bei Eiche und Kastanie Hemicellulosen für die Färbung in Betracht kommen. Besonders für die Tertiärlamelle der Eiche werden unsere Ansichten durch die Ergebnise von *Meier* ([25, 26]) und *Meier* und *Wilkie* [27] gestützt, die in der Tertiärlamelle von Laubhölzern erhebliche Mengen von Glucuronoarabinoxylan fanden, sowie durch den direkten Uronsäurenachweis an der Lumenbegrenzung bei *Eucalyptus regnans* durch *Wardrop* [37].

Nach *Bucher* [2] läßt sich die Tertiärlamelle mit Sicherheit durch Viktoriablau-B nachweisen. Deshalb unterwarfen wir auch Mikrotomschnitte von Pappel und Kastanie einer Entlignifizierung und studierten die Viktoriablau-Färbung vor und nach der Quellung mit Cuoxam. Bei Pappel war regelmäßig eine kräftig gefärbte Lumenbegrenzung zu finden, die bei Kastanie fehlt. Somit ist mit Rutheniumrot und Viktoriablau der Nachweis erbracht, daß die Pappel als Abschluß der G-Schicht eine Tertiärlamelle bzw. der Tertiärlamelle vergleichbare Wandschicht ausbildet.

Da bei den verschiedensten Untersuchungen der Kastanie immer wieder eine gewisse Betonung der Grenze zum Lumen zu beobachten ist, ohne daß diese Schicht sich durch irgendeine Farbreaktion von der übrigen G-Schicht abhebt, haben wir für dieses Objekt eingehende fluoreszenzmikroskopische Untersuchungen angesetzt.

3.2 *Fluoreszenzmikroskopische Untersuchungen an Roßkastanie*

Bei den ersten fluoreszenzmikroskopischen Tests erfuhren wir insofern eine Überraschung, als bei der G-Schicht der Roßkastanie stets eine Lumenbegrenzung aufleuchtet. Dieses hat uns dazu veranlaßt, systematische fluoreszenzmikroskopische Untersuchungen durchzuführen.

Zunächst konnten die Befunde von *Siebers* [35] bestätigt werden, nach denen die Fluorochrome gleich-

Tabelle 2. Fluoreszenz von normalen Fasern, Reaktionsholzzellen, Gefäßen und Markstrahlzellen
(h' = hell, d' = dunkel, m' = matt, l' = leuchtend)

Farbstoff	[%]	pH	Fasern					Gefäße (G) Markstrahl (M)
			Normalholz			Reaktionsholz		
			$M + P$	$S_1 + S_2$	S_3	G-Schicht	Lumengrenze	
Acredingelb	0,2	5	gelbgrün,	braun bis braungelb	—	braun	h'leuchtend	gelbgrün
	0,02	6	h'gelbgrün	h'braun	—	h'braun	m'leuchtend	gelbgrün
	0,002	6	h'gelbgrün	h'braun	h'leuchtend	m'braun	m·leuchtend	l'gelbgrün (*G*) m'gelbgrün (*M*)
Acredinrot	0,2	2	gelbrot	d'rot	h'leuchtend	d'rot	m'leuchtend	gelblich
	0,02	6	h'gelb	h'grau	h'leuchtend	d'rot	m'leuchtend	gelblich
	0,002	6	h'gelb	gelb	h'leuchtend	d'grau	m'leuchtend	gelblich
Auramin	0,2	8	l'grüngelb	m'grüngelb	h'leuchtend	bräunlich	h'leuchtend	l'grüngelb
	0,02	6	grüngelb	m'grüngelb	h'leuchtend	bräunlich	h'leuchtend	l'grüngelb
	0,002	6	grüngelb	m'grüngelb	h'leuchtend	dunkel	m'leuchtend	grüngelb
Berberinsulfat	2,0	2	l'zitronengelb	m'zitronengelb	h'leuchtend	bräunlich	h'leuchtend	zitronengelb
	1,0	3						
	0,5	4						
	0,2	4						
	0,02	5						
	0,002	6						
Fluorescein	0,2	6	h' oder m'-gelbgrün	h' oder m'-gelbgrün	h'leuchtend	bräunlich	m'leuchtend	h'gelbgrün
	0,02	6	schwach	schwach	schwach	—	—	schwach hellgrün
	0,002	6						
Phloxin	0,2	3	gelblich	gelbgrün, m'gelbrot	h'leuchtend	d'grau, blau	m'leuchtend	gelbgrün (*G*) gelbrot (*M*)
	0,02	6	gelb	gelbgrün	leuchtend	dunkel	m'leuchtend	h'graublau (*G*) gelb(*M*)
	0,002	6	schwach grünlich	schwach grünlich	schwach leuchtend	dunkel	m'leuchtend	schwach d'grünlich
Rhodamin-B-extra	0,2	2	l'h'ziegelrot	m'ziegelrot	m'leuchtend	dunkel	h'leuchtend	ziegelrot
	0,02	2						
	0,002	6						
Thioflavin	0,8	8	l'gelbgrün	m'gelbgrün	h'leuchtend	d'braun	h'leuchtend	gelbgrün bis bläulich
	0,4	8						
	0,2	7						
	0,1	7						
	0,05	7						
	0,005	6						
	0,002	6						

artig wirken. Die in Tabelle 2 aufgeführten Fluorochrome gaben in der Mittellamelle, Primärwand und Sekundärwand eine starke Fluoreszenz (Bild 4), in der G-Schicht dagegen eine sehr schwache oder fehlende (Bild 5). Bei der G-Schicht fällt eine bisher nicht beschriebene aufleuchtende Lumenbegrenzung auf. Wie wir bereits oben erwähnt haben, ist eine Lumenbegrenzung bei Kastanie weder polarisationsoptisch noch durch Färbungen wie Rutheniumrot, Viktoriablau, Phloroglucin-HCl, Fuchsin-Pikrinsäure oder Chlorzinkjod feststellbar. In Tabelle 2 ist für acht Fluorochrome die Fluoreszenz in den einzelnen Wandschichten von Fasern, Gefäßen und Markstrahlzellen zusammengestellt. Bei den Reaktionsholzzellen ist die Färbung in der Mittelschicht ($M + P + S_1$) wie bei den Normalholzzellen, abweichend sind nur die G-Schicht und die Lumenbegrenzung. Bei Gefäßen und Markstrahlzellen treten in der Regel wenig Unterschiede in den einzelnen Zellwandschichten auf.

Mitunter ist die G-Schicht auch in saftfrischem Holz gequollen, so daß sie fast das ganze Lumen ausfüllt. Bei derartigen, lediglich fluorochromierten G-Schichten ist fluoreszenzmikroskopisch eine lamellare Struktur erkennbar. Damit werden unsere früheren lichtmikroskopischen Beobachtungen, die wir an mit Chlorzinkjod gequollenen G-Schichten erhielten, bestätigt. Diese früheren Untersuchungen hatten ergeben, daß die G-Schicht lamellar aufgebaut ist und diese Lamellen mit den Tagesringen der Sekundärwand des Baumwollhaares identisch sind [4].

Um eine mögliche Absorption der Fluorochrome an eine nur im UV-Bereich faßbare chemische Komponente der Zellwand von vornherein auszuschließen, wurden Kastanienschnitte verschiedenen Extraktionen unterworfen und der Einfluß der Extraktion auf die Fluoreszenz der Lumenbegrenzung überprüft. Eine achtstündige Extraktion mit einem azeotropen Alkohol-Benzol-Gemisch bei 70 °C, kochendem Wasser oder Ammonoxalatlösung bei 70 °C hatten keinen Einfluß auf die Fluoreszenz der Lumenbegrenzung. Eine Behandlung mit 5%iger Natronlauge bei Zimmertemperatur über 72 h erbrachte eine verstärkte, wohl quellungsbedingte Fluoreszenz der G-Schicht und eine Abschwächung bei der Lumenbegrenzung. Eine anschließende sechs-

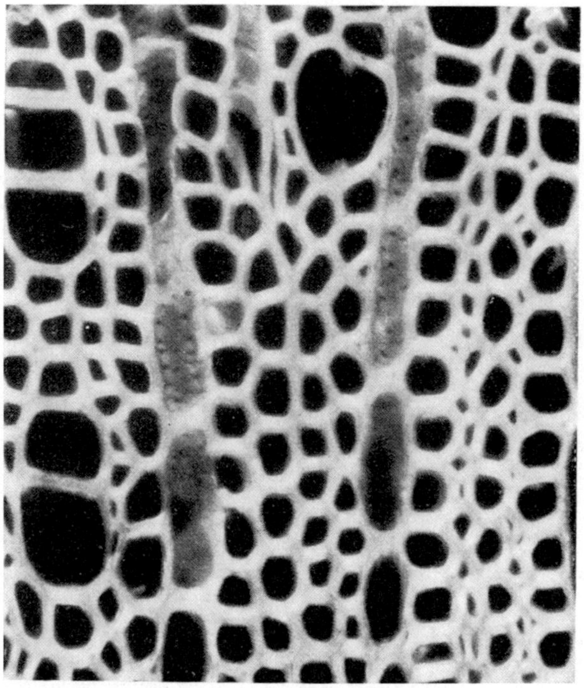

Bild 4. Querschnitt von *Aesculus hippocastanum* mit Thioflavin fluorochromiert. Normalholz. Vergr. 400:1

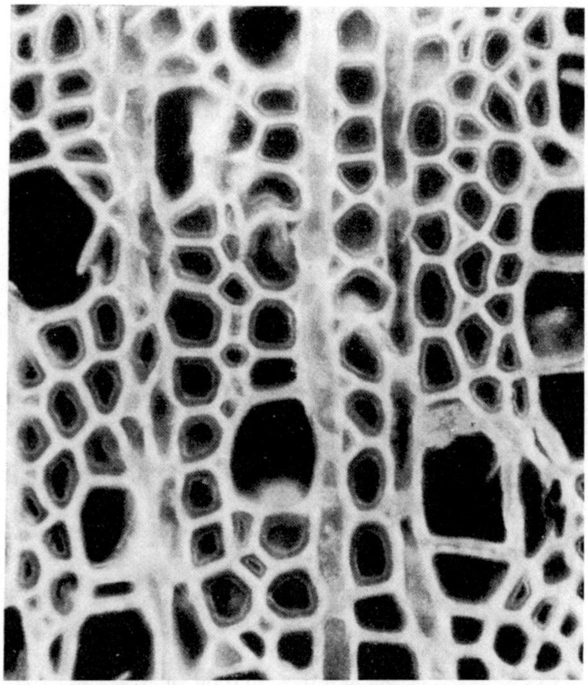

Bild 5. Querschnitt von *Aesculus hippocastanum* mit Thioflavin fluorochromiert. Reaktionsholz. Die dunkle G-Schicht wird von einer hell aufleuchtenden Lumenbegrenzung gegen das Lumen abgeschlossen. Vergr. 400:1

ständige Entlignifizierung lockerte das Zellwandgefüge stark auf, und die Fluoreszenz war in allen Teilen gleichmäßig. Diese Befunde deuten darauf hin, daß die Fluoreszenz der Lumenbegrenzung nicht auf einer bestimmten chemischen Komponente eines Nichtcellulosebestandteiles der Zellwand beruht, sondern offensichtlich auf einer unterschiedlichen Packungsdichte der Cellulose selbst. Auch *Schulze* und *Göthel* [34], *Jayme* und *Bauer* [17] und *Frey-Wyssling* [12] führen die unterschiedliche Fluorochromierung der einzelnen Zellwandschichten auf eine unterschiedliche Packungsdichte zurück. In der G-Schicht scheinen die Fibrillen besonders dicht gepackt zu sein. Die Cellulose weist eine gute Orientierung und einen hohen Kristallinitätsgrad auf, worauf röntgenographische Befunde hindeuten [9].

Nach den chemischen Extraktionen haben wir im Frühjahr 1963 die Zellwände im Stadium des Dickenwachstums untersucht. Zur Überraschung mußten wir feststellen, daß die Lumenbegrenzung während des Dickenwachstums der G-Schicht stets nachweisbar ist. Es handelt sich hier offensichtlich um die zuletzt angelegte Lamelle, deren Packungsdichte erst nach der Ablagerung der folgenden Lamelle ihren Endwert erreicht. Mit diesem Nachweis der Lamellen läßt sich das Dickenwachstum der Zellwand, speziell der G-Schicht gut verfolgen. Diese Beobachtungen bestätigen unsere 1961 veröffentlichten Ergebnisse, daß nämlich täglich eine Lamelle neu gebildet wird.

Die Fluoreszenz in den einzelnen Wandschichten wechselt während des Dickenwachstums zum Teil erheblich. Schnitte, die z. B. mit einer 1%igen Berberinsulfatlösung behandelt wurden, zeigten folgende Fluoreszenzerscheinungen:

Kambiumzellen und Streckungszellen:	bräunlichgelb,
Zellen am Ende der Streckungsphase:	leuchtend zitronengelb,
Sekundärwand:	matt zitronengelb,
Tertiärlamelle:	intensiv hell aufleuchtend.

Sehr aufschlußreich erscheint uns, daß die Fluoreszenz erst am Ende der Streckungsphase in der Primärwand die größte Intensität erlangt. Dieses läßt auf einen geringen Cellulosegehalt in der sich streckenden Zellwand schließen.

Zusammenfassung

Vergleichende Untersuchungen des Reaktionsholzes von *Aesculus*, *Populus* und *Quercus* erbrachten einen artspezifischen Aufbau der G-Schicht bzw. deren lumenseitiger Abschluß. Bei Eiche ist auf die G-Schicht eine Lumenbegrenzung aufgelagert, die positive oder negative Ligninreaktion, positive Rutheniumrot- und positive Viktoriablau-B-Färbung gibt. Im polarisierten Licht leuchtet auf dem Querschnitt die Lumenbegrenzung auf. Unsere Befunde lassen darauf schließen, daß es sich bei der Eiche um eine echte Tertiärlamelle handelt.

Bei Pappel ist nur mit Rutheniumrot und Viktoriablau eine schmale Lumenbegrenzung nachweisbar. Im polarisierten Licht leuchtet auf dem Querschnitt keine Lumenbegrenzung auf. Hier liegt eine pectinreiche Zellwandschicht vor, die evtl. mit einer Tertiärlamelle identisch sein könnte.

Bei Kastanie versagen alle Nachweismethoden auf eine Tertiärlamelle. Bei fluoreszenzmikroskopischer Bearbeitung konnte auch eine Lumenbegrenzung bei der G-Schicht nachgewiesen werden, die aber keine Tertiärlamelle darstellt, sondern jeweils die zuletzt angelegte Lamelle. Diese lamellare Lumenbegrenzung läßt sich während des Dickenwachstums der G-Schicht erkennen. Dieses scheint uns ein weiterer Beweis für den lamellaren Aufbau der Zellwand beim Holz zu sein.

Literatur

[1] *Bucher, H.*, Die Tertiärlamelle von Holzfasern und ihre Erscheinungsformen bei Coniferen. Solothurn: Attisholz 1953.

[2] *Bucher, H.*, Die Struktur der Tertiärwand von Holzfasern. Holzforschung **11** (1957) S. 97–102.

[3] *Casperson, G.*, Über die Bildung von Zellwänden bei Laubhölzern. 1. Mitt.: Feststellung der Kambiumaktivität durch Erzeugen von Reaktionsholz. Ber. dt. bot. Ges. **73** (1960) S. 349–357.

[4] *Casperson, G.*, Über die Bildung von Zellwänden bei Laubhölzern. 2. Mitt.: Der zeitliche Ablauf der Sekundärwandbildung. Z. Botanik **49** (1961) S. 289–306.

[5] *Casperson, G.*, Über die Bildung der Zellwand beim Reaktionsholz. I. Zur Anatomie des Reaktionsholzes. Holztechnologie **3**, (1962) S. 217–223.

[6] *Casperson, G.*, Über die Bildung der Zellwand beim Reaktionsholz. II. Zur Physiologie des Reaktionsholzes. Holztechnologie **4** (1963) S. 33–37.

[7] *Chow, K. Y.*, A comparative study of the structure and chemical composition of tension wood and normal wood in beech (*Fagus sylvatica* L.). Forestry **20** (1947) S. 62–77.

[8] *Clarke, S. H.*, The influence of cell wall composition on the physical properties of beech wood (*Fagus sylvatica* L.). Forestry **10** (1936) S. 143–148.

[9] *Correns, E.*, *Wergin, W.*, und *Ruscher, C.*, Über Strukturunterschiede in den Zellwänden von Laubhölzern. Faserforsch. u. Textiltechn. **7** (1956) S. 565–569.

[10] *Coté, W. A.*, und *Day, A. C.*, The G-layer in gelatinous fibers — electron microscopic studies. Forest Products J. (1962) S. 333–338.

[11] *Dadswell, H. E.*, und *Wardrop, A. B.*, What is reaction wood? Australian Forestry **13** (1949) S. 22–33.

[12] *Frey-Wyssling, A.*, Die pflanzliche Zellwand. Berlin-Göttingen-Heidelberg: Springer 1959.

[13] *Haitinger, M.*, Fluoreszenz-Mikroskopie. 2. erw. Aufl. neu bearbeitet von *J. Eisenbrand* und *G. Werth.* Leipzig: Akad. Verl.-Ges. Geest & Portig 1959.

[14] *Haug, H*,. Leitfaden der mikroskopischen Technik. Mikroskopische, präparative und färberische Verfahren in der Histologie. Stuttgart: Thieme 1959.

[15] *Jaccard, P.*, Anatomische Struktur des Zug- und Druckholzes bei waagerechten Ästen von Laubhölzern. Vjschr. naturforsch. Ges. Zürich **62** (1917) S. 303–318.

[16] *Jaccard, P.*, und *Frey, A.*, Einfluß der mechanischen Beanspruchung auf die Micellarstruktur, Verholzung und Lebensdauer der Zug- und Druckholzelemente. Jb. wiss. Botanik **68** (1928) S. 844–866.

[17] *Jayme, G.*, und *Bauer, G.*, Die Unterscheidung von Früh- und Spätholzfasern durch sekundäre Fluoreszenz. Holzforschung **11** (1957) S. 16–18.

[18] *Jayme, G.*, und *Harders-Steinhäuser, M.*, Über die chemische Zusammensetzung des Zugholzes in einem Pappelholz. Papier **4** (1950) S. 104–113.

[19] *Jayme, G.*, und *Harders-Steinhäuser, M.*, Zugholz und seine Auswirkungen in Pappel- und Weidenholz. Holzforschung **7** (1953) S. 39–43.

[20] *Jermyn, M. A.*, Cellulose and hemicelluloses. In: *K. Paech* und *M. V. Tracey*, Moderne Methoden der Pflanzenanalyse. Bd. 2, S. 199. Berlin-Göttingen-Heidelberg: Springer 1955.

[21] *Jutte, S. M.*, Tension wood in wane (*Ocotea rubra* Mez). Holzforschung **10** (1956) S. 33–35).

[22] *Kerr, T.*, und *Bailey, I. W.*, The cambium and its derivative tissues. J. Arnold Arboretum **15** (1934) S. 327 bis 349.

[23] *Klauditz, W.*, Zur biologisch-mechanischen Wirkung der Cellulose und Hemicellulose im Festigungsgewebe der Laubhölzer. Holzforschung **11** (1957) S. 110–116.

[24] *Meier, H.*, Über den Zellwandabbau durch Holzvermorschungspilze und die submikroskopische Struktur von Fichtentracheiden und Birkenholzfasern. Holz Roh- u. Werkstoff **13** (1955) S. 323–338.

[25] *Meier, H.*, Fördelning av hemicellulosakomponenterna i en tallvedsfiber. Svensk Papperstidn. **62** (1959) S. 687 bis 691.

[26] *Meier, H.*, The distribution of polysaccharides in wood fibers. J. Polymer Sci. **51** (1961) S. 11–18.

[27] *Meier, H.*, und *Wilkie, K. C. B.*, Die Verteilung der Polysaccharide in der Zellwand von Kiefertracheiden (*Pinus silvestris* L.). Holzforschung **13** (1959) S. 177 bis 182.

[28] *Meier, H.*, und *Yllner, S.*, Die Tertiärwand in Fichten-Zellstoff-Tracheiden. Svensk Papperstidn. **59** (1956) S. 395–401.

[29] *Münch, E.*, Statik und Dynamik des schraubigen Baues der Zellwand, besonders des Druck- und Zugholzes. Flora, Jena **132** (1932) S. 357–424.

[30] *Münch, E.*, Weitere Untersuchungen über Druckholz und Zugholz. Flora, Jena, N. F. **34** (1940) S. 45–57.

[31] *Ollinmaa, P. J.*, Über Struktur und Eigenschaften von Zugholz. Paperi ja Puu, Helsinki (Papier und Holz) **38** (1956) S. 603–611.

[32] *Otto, L.*, Durchlichtmikroskopie. Berlin 1959.

[33] *Sachsse, H.*, Elektronenmikroskopische Untersuchungen über die Zellwandstruktur von Zugholzfasern. Holz Roh- u. Werkstoff **20** (1962) S. 429–433.

[34] *Schulze, B.*, und *Göthel, E.*, Fluoreszenzmikroskopische Untersuchungen an Papierfaserstoffen. Zellstoff u. Papier **14** (1934) S. 93–97.

[35] *Siebers, A. M.*, The detection of tension wood with fluorescent dyes. Stain Technology **35** (1960) S. 247 bis 251.

[36] *Strugger, S.*, Fluoreszenzmikroskopie und Mikrobiologie. Hannover 1949.

[37] *Wardrop, A. B.*, Morphological factors involved in the pulping and beating of wood fibres. Svensk Papperstidn. **66** (1963) S. 231–247.

[38] *Wardrop, A. B.*, und *Dadswell, H. E.*, The nature of reaction wood. I. The structure and properties of tension wood fibres. Australian J. sci. Res. B **1** (1948) S. 3–16.

[39] *Wardrop, A. B.*, und *Dadswell, H. E.*, The nature of reaction wood. IV. Variation in cell wall organization of tension wood fibres. Australien J. Botanics **3** (1955) S. 177 bis 189.

[40] *Zenker, R.*, Beitrag zur Klärung der Beziehungen zwischen den anatomischen und physikalischen Eigenschaften des Pappelholzes unter besonderer Berücksichtigung des Zugholzes. Archiv für Forstwesen **10** (1961) S. 4–6.

[41] *Zenker, R.*, Der Abbau der Zugholzlamelle durch holzzerstörende Pilze. Holzzerstörung durch Pilze, Intern. Symposium Eberswalde 1962, Berlin: Akademie-Verlag 1963.

Eingegangen am 24. Januar 1964

Eine neue Methode zur quantitativen Bestimmung kationischer Farbstoffe

Rudolf Schiffner und Bodo Borrmeister
Deutsche Akademie der Wissenschaften zu Berlin, Institut für Faserstoff-Forschung in Teltow-Seehof

DK 668.8:54—128.4:543.24:677.044.314.5

Es wird ein Verfahren beschrieben, nach dem viele kationische Farbstoffe in verdünnten Lösungen durch direkte Titration mit Blankophor G im UV-Licht quantitativ bestimmt werden können. Dieser optische Aufheller reagiert mit den kationischen Farbstoffen unter Ausbildung praktisch unlöslicher Addukte bei gleichzeitiger Fluoreszenzauslöschung. Der Titrationsendpunkt wird an der bei einem geringen Überschuß an Titriermittel auftretenden intensiven Fluoreszenz erkannt.

Новый метод количественного определения катионных красителей

Описан метод, по которому возможно проводить количественное определение содержания многих катионных красителей в разбавленных растворах путем прямого титрования в ультрафиолетовом свете при применении бланкофора Г. Этот оптический отбеливатель взаимодействует с катионными красителями с образованием практически нерастворимых продуктов присоединения при одновременном гашении флуоресценции. Эквивалентный пункт титрования характеризуется возникновением интенсивной флуоресценции при небольшом избытке раствора бланкофора Г.

A New Method of Quantitative Determination of Cationic Dyes

A method is described which allows a quantitative ultraviolet determination of numerous cationic dyes in diluted solutions by direct titration with Blankophor G. This optical brightening agent reacts with cationic dyes under formation of practically insoluble products and simultaneous extinction of fluorescence. The titration point is estimated by the intensive fluorescence appearing at slight excess of titrating agent.

1 Einleitung

Die quantitative Bestimmung von Farbstoffen in verdünnten Lösungen mit kolorimetrischen Methoden stößt mitunter auf erhebliche Schwierigkeiten. So können z. B. im Färbebad oder im Fasermaterial enthaltene Agenzien durch Eigenfärbung oder durch Farbtonbeeinträchtigung des zu bestimmenden Farbstoffes infolge irgendwelcher Wechselwirkungen zu großen Störungen führen. Insbesondere können feine und daher schlecht entfernbare Trübungen die kolorimetrische Bestimmung völlig in Frage stellen. Derartige Schwierigkeiten bedingen, daß auf andere Methoden der Farbstoffbestimmung in Färbebädern zurückgegriffen werden muß. Wir haben uns in solchen Fällen zur Bestimmung sowohl von Säure- als auch von basischen Farbstoffen der Methode von *Bene* und *Géczy* [1] bedient, wobei erstere mit einem Kation- und letztere mit einem Aniontensid in einem 2-Phasensystem Chloroform-Wasser solange titriert werden, bis der Farbstoff zufolge der Adduktbildung mit dem Tensid vollständig in die Chloroformphase übergegangen ist. Die Methode hat eine Reihe von Nachteilen. Erstens ist die Auswahl der titrierbaren Farbstoffe sehr klein, zweitens ist die Erkennung des Endpunktes nicht ganz einfach und drittens ist die Titration, da sie immer in der gleichen Weise und in demselben Tempo durchgeführt werden muß, verhältnismäßig zeitraubend. Sie kann daher nur von geschickten und gut eingespielten Kräften ausgeführt werden.

Aus diesen Gründen haben wir eine eigene Methode ausgearbeitet, die allerdings auf die Titration kationischer Farbstoffe beschränkt ist. Sie vermeidet die Nachteile der Methode von *Bene* und *Géczy* und ermöglicht eine rasche und ausreichend genaue Bestimmung. Im übrigen verlangt sie kaum mehr Geschicklichkeit als jede andere Titration.

2 Prinzip des Verfahrens

Eine Anzahl basischer Farbstoffe reagiert mit Blankophor G[1]) — einem anionischen optischen Aufheller mit besonders hohem Molekulargewicht — unter Bildung unlöslicher Addukte. Während Blankophor G bzw. seine Lösung im UV-Licht intensiv bläulich fluoresziert, zeigen die Addukte jedoch keine Fluoreszenz. Man kann dieses Verhalten ausnutzen, um basische Farbstoffe in verdünnten Lösungen quantitativ zu bestimmen, indem man diese mit einer Lösung des genannten optischen Aufhellers im UV-Licht titriert. Bei der während der Titration laufend erfolgenden Reaktion bildet sich ein meist feinteiliger Niederschlag bei gleichzeitiger Fluoreszenzauslöschung des Titrationsmittels. Bei Erreichung bzw. Überschreitung des Endpunktes der Titration tritt eine bleibende, mehr oder minder starke Fluoreszenz auf.

3 Experimenteller Teil

Es ergab sich, daß eine sichere quantitative Bestimmung vieler kationischer Farbstoffe bei Einhaltung gewisser definierter Bedingungen möglich ist. Hierzu gehört vor allem das Arbeiten bei einem bestimmten pH-Wert durch Pufferung und die Durchführung der Titration in einem bestimmten „optimalen" Konzentrationsbereich in der Vorlage.

Im einzelnen wurde so verfahren, daß von den zu untersuchenden Farbstoffen Lösungen hergestellt wurden, die 0,2 g/l enthielten. Hiervon wurden dann steigende Mengen, z. B. 2, 5, 10 ml, entsprechend Farbstoffmengen von 0,4, 1, 2 mg usw. vorgelegt und titriert. Die Vorlage wurde dabei jeweils mit 5 ml Pufferlösung versetzt und mit destilliertem Wasser auf ein Gesamtvolumen von 50 ml aufgefüllt. Für die Titration wird zweckmäßigerweise eine Mikrobürette verwendet, der man mittels eines Stückchens Gummischlauch eine Injektionsnadel (Nr. 14) auf die Kükenspitze aufsetzt. Man erhält so eine Tropfengröße von ca. 0,01 ml. Man titriert unter laufendem Umschütteln bis eine geringe verbleibende Fluoreszenz sichtbar ist und erhält bei Zugabe von weiteren 2 bis 3 Tropfen Titriermittellösung einen deutlichen Endpunkt.

Als Pufferlösung wird eine n/1 Essigsäure-Natriumacetat-Lösung verwendet. Sie enthält 60,0 g/l Essigsäure 100%ig und 136,0 g/l Natriumacetat kristallisiert. Die Lösung hat einen pH-Wert von 4,7, und ihre Puffer-

[1]) Hersteller: Farbenfabriken Bayer, Leverkusen

Tabelle 1. Basische Farbstoffe, die zur Bestimmung geeignet sind

Farbstoffbezeichnung	Colour-Index	Optimaler Bereich Farbstoff [mg]	Optimaler Bereich Titrierlösung [ml]	Titrierbarkeit
Astrarot 3 G	—	1...5	0,25...1,0	gut titrierbar
Astrarot-Base 3 G*)	—	1...5	0,25...1,0	gut titrierbar
Astraviolett FF extra	48080	1...6	0,25...1,6	gut titrierbar
Astrazonblau B	42140	4...6	0,65...1,05	titrierbar
Astrazonblau C	—	4	0,60...0,80	bedingt titrierbar
Astrazonblau 5 GL	—	2...8	0,15...0,65	gut titrierbar
Astrazonorange R	48040	3...4	0,50...0,70	bedingt titrierbar
Astrazonorange 3 RL	—	2...6	0,35...1,05	gut titrierbar
Astrazonrot GTL	—	4	0,60...0.65	bedingt titrierbar
Basacrylblau	—	2...8	0,15...0,45	gut titrierbar
Basacrylrot	—	2...6	0,30...0,85	titrierbar
Bismarckbraun RF extra	21000	1...2	0,30...0,65	titrierbar
Brillantphosphin G	46035 — Deriv.	1...2	0,30...0,80	titrierbar
Coriphosphin OX	46020	1...3	0,25...0,65	titrierbar
Deorlinbrillantrot 3 B	—	3...4	0,40...0,60	titrierbar
Deorlinviolett 5 B	—	2...3	0,50...0,80	bedingt titrierbar
Flavophosphin G konz.	46050	2...3	0,50...0.85	titrierbar
Flavophosphin R	46035	1	0,30...0,55	bedingt titrierbar
Fuchsin	42510	1...2	0,45...0,90	titrierbar
Janusbraun B	33505	1...2	0,35...0,70	titrierbar
Janusgelb R	26140	1...3	0,25...0,80	titrierbar
Janusrot B	26115	1...1,5	0,25...0,35	bedingt titrierbar
Janusschwarz D	11825	1...3	0,25...0,75	titrierbar
Kristallviolett extra	42555	0,7...2	0,35...1,0	gut titrierbar
Maxilonblau GL	—	2...7	0,15...0,55	gut titrierbar
Maxilonblau RL	—	2...12	0,10...0,70	gut titrierbar
Methylenblau BB konz.	52015	0,5...2	0,30...0,80	titrierbar
Methylenblau NNX	52030	0,4...1	0,30...0,75	bedingt titrierbar
Methylviolett BB extra	42535	1...2	0,40...0,80	titrierbar
Methylviolett Base*)	42535 B	1...2	0,40...1,0	gut titrierbar
Methylviolett R	—	1...2	0,30...0,75	titrierbar
Methylviolett 3 R	—	1,5...3	0,50...1,05	titrierbar
Neufuchsin O	42520	1...3	0,40...1,2	titrierbar
Phosphin 3 R	46045	1...2	0,25...0,45	bedingt titrierbar
Rheonin AL	46075	1...2	0,30...0,60	bedingt titrierbar
Rhodulinblau 5 B	42140	2...4	0,40...0,50	titrierbar
Rhodulinheliotrop 3 B	50055	1...2	0,25...0,55	titrierbar
Rhodulinorange NO	46005	1...3	0,25...0,75	titrierbar
Safranin AH extra	50240	0,5...2	0,30...1,00	titrierbar
Safranin FF extra	50240	0,5...2	0,25...1,1	titrierbar
Vesuvin 3 R sup. fein	21000	1...1,5	0,25...0,40	bedingt titrierbar
Viktoriablau B hochkz.	44045	0,5...1,5	0,15...0,40	bedingt titrierbar
Viktoriablau-Base *)	44045 B	1...3	0,35...0,90	titrierbar
Viktoriablau Base R*)	44040 B	1...4	0,15...0,50	titrierbar
Viktoriablau R	44040	1...3,5	0,15...0,45	titrierbar
Viktoriablau 4 R hochkz.	42563	1...3,5	0,15...0,40	titrierbar
Viktoriabrillantblau B	—	0,5...1,5	0,15...0,45	titrierbar
Viktoriareinblau B	44045	0,5...2	0,15...0,50	titrierbar
Viktoriareinblau BO	42595	0,5...2	0,15...0,50	titrierbar

*) Farbstoffbasen mit wenig Essigsäure gelöst.

kapazität ist bei einem Zusatz von 5 ml pro 50 ml Titrierlösung groß genug, um alle normalerweise in Färbebädern auftretenden Säuremengen abzufangen. Beträgt z. B. die Essigsäurekonzentration eines Färbebades 1 g/l, so wird der angegebene pH-Wert nur um weniger als 0,1 Einheiten erniedrigt. Diese pH-Änderung ist, wie entsprechende Vergleichsuntersuchungen ergaben, auf das Titrationsergebnis ohne Einfluß. Große pH-Verschiebungen dagegen führen zu stark abweichenden Ergebnissen.

Als Titrationsmittel wird eine Lösung von 3,0 g/l Blankophor G extra hochkonz. verwendet. Andere, weniger konzentrierte und damit auch weniger reine Marken dieses Produktes erwiesen sich — vermutlich wegen des in ihnen enthaltenden Stellmittels — als schlecht brauchbar, da sie unsichere Endpunkte ergaben. Im übrigen haben wir eine ganze Reihe von anderen optischen Aufhellern auf ihre Verwendbarkeit für unsere Methode geprüft. Sie erwiesen sich aber alle als ungeeignet, da sie z. B. nicht intensiv genug fluoreszierten bzw. keine oder nicht quantitative Fällungen mit den Farbstoffen gaben.

Aus den Ergebnissen der wie oben beschrieben durchgeführten Titrationsreihen und der jeweiligen Endpunktanzeige kann man leicht den „optimalen“ Konzentrationsbereich für einen titrierbaren Farbstoff ermitteln. Innerhalb dieses Bereiches stimmen die den jeweiligen Farbstoffmengen entsprechenden Titrationswerte proportional gut überein. Die Titrationsendpunkte sind in diesem Bereich gut definiert, d. h. gut erkennbar, streuen in den Einzelwerten nur wenig und schleppen nicht oder nur wenig. Ermittelt man für eine Konzentration, die in der Mitte dieses Bereiches liegt, einen Bezugswert (ml Titrierlösung pro mg Farbstoff), so findet man für geringere als auch für höhere Konzentrationen meist etwas niedrigere bzw. höhere Titrationswerte, als nach dem ermittelten Bezugswert zu erwarten wäre. Diese Abweichungen betragen für die Grenzwerte des optimalen Bereiches normalerweise etwa $\pm$ 1,5 bis 3%. Der für eine Bestimmung optimale Konzentrationsbereich liegt für die meisten basischen Farbstoffe bei 1 bis 4 mg Farbstoff in der Vorlage. In Tabelle 1 sind die entsprechenden Werte für die von uns überprüften Farbstoffmarken enthalten, außerdem ist angegeben, welchem Verbrauch an Titriermittel (3,0 g/l Blankophor G extra hochkonz.) ihnen etwa entspricht. Diese Werte können zur weitgehenden Orientierung dienen, stellen jedoch keine Absolutwerte dar, da die Konzentration, Reinheit usw. des jeweiligen Farbstoffes als auch des Titrationsmittels unterschiedlich sein können.

Der Titrationsendpunkt tritt allgemein bei geringerer Farbstoffkonzentration deutlicher hervor als bei größerer, da bei größerer Farbstoffmenge der gebildete, meist feinteilige Komplex den Endpunkt stärker verschleiert. Der visuelle Eindruck beim Endpunkt ist daher auch bei niedrigerer Farbstoffkonzentration in der Regel intensiver als bei höherer. Dies läßt sich jedoch erfahrungsgemäß bei einiger Übung weitgehend berücksichtigen. Es ist günstig, die Untersuchung an einem nicht zu hellen Arbeitsplatz oder in einem teilweise abgedunkelten Raum auszuführen.

Einige basische Farbstoffe, die selbst ebenfalls fluoreszieren (z. B. Coriphosphin OX) lassen sich trotzdem nach diesem Verfahren bestimmen. Während der Titration findet nämlich eine teilweise oder weitgehende Fluoreszenzauslöschung statt, so daß der Endpunkt durch die auftretende intensive Fluoreszenz des Titrationsmittels schon bei einem geringen Überschuß erkennbar ist. Meist ist auch eine Farbänderung in der Fluoreszenz genügend gut erkennbar.

Die Anwendbarkeit des Verfahrens auf eine größere Anzahl klassischer als auch moderner basischer Farbstoffe wurde geprüft, wobei es sich etwa für die Hälfte als geeignet erwies. Die Eignung für diese Bestimmungsmethode wurde in der Tabelle 1 mit den Prädikaten „gut titrierbar", „titrierbar" und „bedingt titrierbar" charakterisiert. Bei den mit „gut titrierbar" gekennzeichneten Farbstoffen erhält man sichere Titrationswerte. Die Streuung der Einzelwerte einer Bestimmung ist sehr gering und der Endpunkt einer Bestimmung besonders deutlich erkennbar. Bei den mit „titrierbar" bezeichneten Farbstoffen erhält man noch gut brauchbare Werte bei meist geringer Streuung. Der Endpunkt wird vielfach nicht ganz so scharf angezeigt und kommt zum Teil etwas schleppend. Er ist aber noch relativ gut feststellbar. Die mit „bedingt titrierbar" angegebenen Farbstoffe sind meist nur in engen Konzentrationsbereichen mit ausreichender Genauigkeit titrierbar. Die Titrationsendpunkte werden im allgemeinen breit und schleppend angezeigt und lassen sich nicht ganz so eindeutig definieren.

Tabelle 2. Basische Farbstoffe, die sich nicht bestimmen lassen

Farbstoffbezeichnung	Colour-Index	Farbstoffbezeichnung	Colour-Index
Astrablau 3 R	42705	Chrysoidin A Base	11270 B
Astraphloxin FF	48070	Chrysoidin RL	11320
Astrazongelb 3 G	48055	Coelestinblau B	51050
Astrazongelb 5 G	48065	Deorlinblau 5 G	—
Astrazonorange G	48035	Deorlinbrillantblau RL	—
Astrazonrot 6 B	48020	Deorlinbrillantgelb 5 GL	—
Astrazonrot FG	—	Deorlingrün JJO	—
Astrazonschwarz M	—	Echtneublau 3 R	51175
Auracin G	46030	Heliotrop BB	50225
Auramin	41000	Indionblau R	12210
Basacrylgelb	—	Malachitgrün	42000
Brillantgrün	42040	Maxilongelb 3 GL	—
Brillantrhodulinblau R	42565	Maxilonrot BL	—
Chinagrün	42000	Methylgrün	42590
Chrysoidin A	11270	Neumethylenblau N	52030
Rhodamin B	45170	Rosanilin	42570—Deriv.
Rhodamin 3 B	45175	Thioflavin T	49005
Rhodamin G	45150	Türkisblau BB	42035
Rhodamin 4 G	45166	Türkisblau G	42036
Rhodamin 6 G	45160	Trypaflavin	46000
Rhodamin Base	45170 B	Vesuvin B	21010
Rhodulinblau 6 G	42025	Viktoriagrün-Base	42000 B
Rhodulingelb 6 G	49005		

In Tabelle 2 sind von den untersuchten kationischen Farbstoffen diejenigen aufgeführt, die sich nach unserer Methode nicht bestimmen lassen. Man erhält mit Blankophor G entweder gar keine oder nur eine teilweise Reaktion der beiden Partner, so daß der Titrationsendpunkt nicht auswertbar ist.

4 *Genauigkeit der Bestimmungsmethode*

Bei sorgfältiger Arbeitsweise ist die erzielbare Genauigkeit als gut zu bezeichnen. Der relative analytische Fehler beträgt in der Regel ungefähr 1 bis 3%. Man ermittelt wie beschrieben den optimalen Bereich und legt bei den späteren Bestimmungen soviel der zu titrierenden Farbstofflösung vor, daß die Werte innerhalb dieser Grenzen liegen. Eine Farbstofflösung bekannter Konzentration wird im mittleren Gebiet des optimalen Bereiches mittitriert, wobei man einen Bezugswert erhält, aus dem man dann andere unbekannte Konzentrationen berechnen kann. Man kann den Fehler klein halten, wenn man dann in Nähe der Konzentration titriert, bei der man den Bezugswert ermittelt hat.

In Tabelle 3 wird als Beispiel die erzielbare Genauigkeit bei der Titration von Kristallviolett (extra Plv., Typ 8020 neu; BASF) veranschaulicht. Dabei wurden die von einer geübten Fachkraft erhaltenen Werte den von einer mit der Methode wenig eingearbeiteten Hilfskraft erzielten gegenübergestellt. Es hat sich als zweckmäßig erwiesen, den Bezugswert von Zeit zu Zeit nachzukontrollieren, da die Blankophor-G-Lösung ihren Faktor langsam ändert.

Tabelle 3. Erzielte Genauigkeit bei der Bestimmung von Kristallviolett

Sollwert	Fachkraft		Hilfskraft	
	gefunden	rel. Fehler [%]	gefunden	rel. Fehler [%]
1000 mg/l	1004 mg/l	+0,4	1000 mg/l	—
100 ,,	98,5 ,,	−1,5	95 ,,	−5,0
60 ,,	59 ,,	−1,7	59 ,,	−1,7
130 ,,	128 ,,	−1,5	128 ,,	−1,5
140 ,,	141 ,,	+0,7	138 ,,	−1,4
400 ,,	398 ,,	−0,5	394 ,,	−1,5
240 ,,	236 ,,	−1,7	232 ,,	−3,2
330 ,,	326 ,,	−1,2	327 ,,	−0,9
460 ,,	458 ,,	−0,4	457 ,,	−0,7

Tabelle 4. Titrationsergebnisse für Kristallviolett

Kristallviolett	0,5	1,0	1,5	2,0
	mg in der Vorlage			
Titriermittel-Verbrauch [ml]	0,26	0,53	0,79	1,06
	0,26	0,53	0,79	1,07
	0,26	0,52	0,78	1,06
	0,26	0,52	0,79	1,06
	0,25	0,52	0,79	1,05
Mittelwert	0,258	0,524	0,788	1,06
Sollwert	0,262	Bezugswert	0,786	1,048
rel. Fehler [%]	−1,6	—	+0,3	+1,1

Tabelle 5. Titrationsergebnisse für Astrazonorange 3 RL

Astrazonorange 3 RL	2,0	4,0	6,0
	mg in der Vorlage		
Titriermittel-Verbrauch [ml]	0,34	0,71	1,05
	0,34	0,70	1,04
	0,35	0,69	1,05
	0,34	0,70	1,03
	0,35	0,70	1,04
Mittelwert	0,346	0,70	1,042
Sollwert	0,350	Bezugswert	1,050
rel. Fehler [%]:	−1,1	—	−0,8

Tabelle 6. Titrationsergebnisse für Astrazonblau 5 GL

Astrazonblau 5 GL	2,0	4,0	6,0	8,0
	mg in der Vorlage			
Titriermittel-Verbrauch [ml]	0,16	0,32	0,48	0,63
	0,17	0,33	0,47	0,64
	0,16	0,32	0,48	0,64
	0,16	0,32	0,48	0,64
	0,16	0,33	0,48	0,64
Mittelwert	0,162	0,324	0,478	0,642
Sollwert	0,162	Bezugswert	0,468	0,638
rel. Fehler [%]	—	—	−1,7	−1,6

In den Tabellen 4 bis 6 sind die für verschiedene Konzentrationen von Kristallviolett, Astrazonorange 3 RL und Astrazonblau 5 GL erhaltenen Titrationswerte als Beispiele angegeben. Sie veranschaulichen die dabei normalerweise auftretende Streuung der Einzelwerte.

Bild 1. UV-Titrationseinrichtung

5 *Störmöglichkeiten, Apparatur*

Es empfiehlt sich, die Bestimmung des Bezugswertes an einer Lösung bekannter Konzentration und die Titration von Lösungen unbekannter Konzentration zeitlich zusammenhängend durchzuführen, um gewisse visuelle Differenzen weitgehend auszuschalten. Auf jeden Fall sollten diese Werte von der gleichen Person ermittelt werden, da sonst erfahrungsgemäß Differenzen auftreten können. Auf die Notwendigkeit der weitgehenden Einhaltung des pH-Wertes wurde schon hingewiesen. Die bei größeren pH-Verschiebungen auftretenden Werteänderungen sind erheblich. Bei Anwesenheit weiterer Komponenten im Färbebad (z. B. Alkohole, Lösungsmittel, Textilhilfsmittel) muß durch entsprechende Probetitrationen festgestellt werden, ob und bis zu welcher Konzentration diese möglicherweise stören. So kann z. B. Kristallviolett bei Anwesenheit von Dimethylformamid oder Hexantriol noch praktisch unbeeinträchtigt titriert werden, solange die Konzentration dieser Substanzen in der Vorlage ca. 0,3 g/l nicht übersteigt. Färbereihilfsmittel — besonders auch Egalisiermittel vom Typ Polyglykoläther — verändern schon in geringen Mengen die Ergebnisse erheblich und machen bei praxisüblichen Konzentrationen eine Bestimmung unmöglich.

Als UV-Lichtquelle ist im Prinzip jede übliche Analysen-Quarzlampe geeignet. Anfangs wurde von uns mit einer Lampe Typ El-Vak Lum II von 600 W Leistung gearbeitet. Im Hinblick auf die Unwirtschaftlichkeit einer solchen Lampe für diesen Einsatzzweck — zufolge der relativ hohen Anschaffungskosten und der nicht erforderlichen großen Leistung — wurde später für die laufenden Bestimmungen ein Eigenbaugerät (Bild 1) eingesetzt. Es besteht aus einem UV-Strahler Typ HQV 125 (VEB Berliner Glühlampenwerk), einer Vorschaltdrossel Type 0500 AL für Hochdrucklampe HQV 125 und einem Leichtmetallgehäuse zur Aufnahme des Strahlers und der Titrationsgefäße. Die Kosten für diese Apparatur betragen nur ca. 10% der einer normalen Analysen-Quarzlampe.

Literatur

[1] *Bene, E.*, und *Géczy, I.*, Neues Verfahren zur quantitativen Bestimmung einzelner Farbstoffe. Magyar Textiltechn. **10** (1954) S. 370—372.

Eingegangen am 24. Februar 1964

Das Pigmentieren von Chemiefaserstoffen

Teil I. Die Bewertung von Mattierungspigmenten auf Basis Titandioxid

Heiner Schmiedeknecht
Deutsche Akademie der Wissenschaften zu Berlin, Institut für Faserstoff-Forschung in Teltow-Seehof

DK 677.4.021.342:546.824—31
537.533.35:543

Mit Hilfe der chemischen, spektrochemischen und der Sedimentationsanalyse, sowie des elektronenmikroskopischen Bildes, der Flüssigkeitsaufnahme, des praktischen Spinnversuches und der Partikelzählung an Spinnlösungen werden Bewertungskriterien für Mattierungspigmente, hauptsächlich TiO_2, in erster Linie für Viskose-, aber auch für Polyamid- und Polyesterfaserstoffe aufgestellt.

Введение пигментов в химические волокна
Часть 1-ая: Оценка матирующих пигментов на основе двуокиси титана

Проведены химический, спектрохимический и седиментационный анализ, электронномикроскопическое исследование и измерение поглощения жидкостей, а также практические опыты по прядению и подсчет числа частиц пигмента в прядильных растворах. На основании полученных данных выведены критерии для оценки матирующих пигментов, в частности TiO_2, главным образом для вискозных, а также для полиамидных и полиэфирных волокон.

The Pigmentation of Man-made Fibres
Part I. The Assessement of Delustring Pigments on the Basis of Titanium Dioxide

Criteria of assessement of delustring pigments, especially TiO_2, used predominantly for viscose fibres, but also for polyamide and polyester fibres are derived by chemical, spectroscopical and sedimentation analysis as well as by electron micrographs, absorption of liquids, spinning tests and particle counting on spinning solutions.

1 Einleitung

Unter Mattierungspigmente sind Körper zu verstehen, die, der Spinnlösung einverleibt, den daraus gesponnenen Fäden einen durch Lichtbrechung matt erscheinenden Charakter geben. Es soll damit ein weitgehender Angleich an das Aussehen der Naturfaser erreicht werden. Man kann derartige Mattierungsmittel unterscheiden in

1. feste, anorganische Pigmente,
2. feste, organische Pigmente,
3. duktile Körper verschiedener Art,
4. Flüssigkeiten und
5. Gase, auch wenn man hier von Pigmenten im eigentlichen Sinne nicht mehr sprechen kann und diese nur der Vollständigkeit halber aufgeführt werden.

Von den in der Patentliteratur vorgeschlagenen anorganischen Verbindungen, wie Cer-, Thor-, Titan-, Zink-, Barium-, Calzium-, Zinnsalzen oder -oxiden und sonstigen anorganischen Verbindungen, wie SiO_2, Glas, Bariumsilicofluorid und ähnliche, hat sich im großen Maßstab nur das Titandioxid eingeführt.

Im folgenden versuchen wir, vom Standpunkt der Praxis aus einige Beiträge zum Mattierungsproblem zu leisten. Wir beschäftigen uns zunächst mit Bewertungskriterien für Titandioxidpigmente und wollen dann in einem zweiten Teil einige Hinweise für die Herstellung von Mattierungspasten bringen. Schließlich sollen in einem dritten Teil noch andere Mattierungsmittel organischer und anorganischer Natur vorgestellt werden.

Titandioxid ist ein wasser-, säure- und laugenunlösliches Pigment. Seine Herstellung [1] erfolgt aus Ilmenit, einem Eisentitanat $(Fe, Ti)_2O_3$. Hierzu stehen in der Praxis hauptsächlich zwei Verfahren zur Verfügung. Der schon länger bekannte Schwefelsäureprozeß behandelt das Mineral, das bereits 50% TiO_2 enthält, mit konz. H_2SO_4 bei 120 °C, reduziert das Fe^{III} mit Elektrolyt-Wasserstoff oder metallischem Eisen zu Fe^{II} und kristallisiert das Fe_2SO_4 durch Tiefkühlung aus. Durch Hydrolyse des Titansulfates fällt man Ortho- $(Ti(OH)_4)$ oder Metatitansäure (H_2TiO_3). Das Fällungsprodukt wird wiederum sorgfältig vom Eisen befreit, und nach Calcination hinterbleibt das Pigment als reines TiO_2, das durch Mahlung und Windsichtung aufbereitet wird. Anstelle von Schwefelsäure kann man den Aufschluß des Ilmenit auch mit Salzsäure oder Flußsäure durchführen.

Beim Chlorierungsprozeß [2, 3, 4] verwandelt man Titan und Eisen in die Chloride, destilliert fraktioniert und setzt das gasförmige $TiCl_4$ im Gegenstrom mit Sauerstoff um, wobei N_2, (H_2) oder CO_2 als Trägergas fungieren.

Dieses Verfahren läßt sich auch für die Herstellung anderer Pigmente, z. B. SiO_2, einsetzen [3].

Die reine Verbindung tritt in drei Modifikationen auf: als Brookit, Rutil und Anatas. Brookit (rho. bipyr.) hat noch keine technische Bedeutung erlangt. Anatas (quadrat. oktaedr.) erhält man durch Hydrolyse von Titansulfat. Die meisten handelsüblichen Mattierungspigmente stellen diese Modifikation dar. Rutil (quadr. prismat.) wird durch Hydrolyse von Titanfluoriden gewonnen. Weitere Verfahren bedienen sich Rutilkristallen als Kristallisationskeime, die man aus $TiCl_4$ herstellt [5], ferner bilden $Al^{\cdots}$, $B^{\cdots}$, $Sn^{\cdot\cdot}$ oder $Zn^{\cdot\cdot}$ mit Titan komplexe Hydroxide, die dann bei der Calcination Rutil ergeben. Andere Verfahren empfehlen die Behandlung von Titansulfat mit Alkalititanat oder mit Phosphorsäure und Kaliumhydroxid [4].

Je nach den Herstellungsbedingungen resultieren TiO_2-Pigmente mit unterschiedlichen physikalischen Eigenschaften, die nicht alle gleichermaßen für eine einwandfreie Mattierung geeignet sind. So haben die verschiedenen technologischen Schritte mitunter erheblichen Anteil an der Qualität des Pigments. Dies trifft besonders für die Hydrolyse und Calcination zu. Die bei der Hydrolyse ausfallende Titansäure adsorbiert z. B. leicht H_2SO_4 (oder HCl), wodurch saure Produkte entstehen, die zum Einsatz als Mattierungsmittel in der Chemiefaserindustrie nicht geeignet sind. Ferner scheiden solche Produkte aus, die leicht zu Agglomeraten neigen. Dies ist der Fall, wenn das TiO_2 z. B. Kalk enthält.

Die chemische Analyse gibt zunächst über den Grad der Fremdbestandteile, aber auch über Stabilisierungs- und Peptisiermittel Aufschluß. In Tabelle 1 sind Analysenwerte verschiedener Titandioxid-Mattpigmente aufgezeichnet. Auffällig ist der Antimongehalt einiger Proben. Dies rührt ebenfalls von technologischen Manipulationen her: zur Zementation des SiO_2, das beim Aufschluß aus der Gangart stammt,

Tabelle 1. Analysenwerte verschiedener TiO_2-Mattierungs-Pigmente

Pigment	pH-Wert*)	Cu [%]	Zn [%]	Fe [%]	Sb [%]
TiO_2 I	6,9	0,02	0,04	0,06	2,64
TiO_2 II	3,5	0,45	0,06	1,48	2,18

*) wäßrige Suspension

Qualitative Spektralanalyse

	Ti	Si	Sb	Al	Fe	Ca	Cu	Cd
TiO_2 III	+++	·//		·	··	·		·
TiO_2 IV	+++	·//	/	·	··	·	·	
TiO_2 V	+++	·/	·//		·	·		
TiO_2 VI	+++	//+		/	·	·	·	
TiO_2 VII	+++	+		/	·	·	·	

Erklärung: +++ > 50%
++ ~ 10...50%
+ ~ 1...10%
/ ~ 0,1...1%
· ~ Spuren

Tabelle 2. Physikalische Konstanten von TiO_2

	Rutil	Anatas
Brechungsindex n gegen Luft	2,72	2,55
Brechungsindex n gegen Cellulose	—	1,78
Durchschnittliche Teilchengröße [μm]	0,35	0,30
Spezifisches Gewicht	4,26	3,84
Weißgehalt [%]	98	98,5

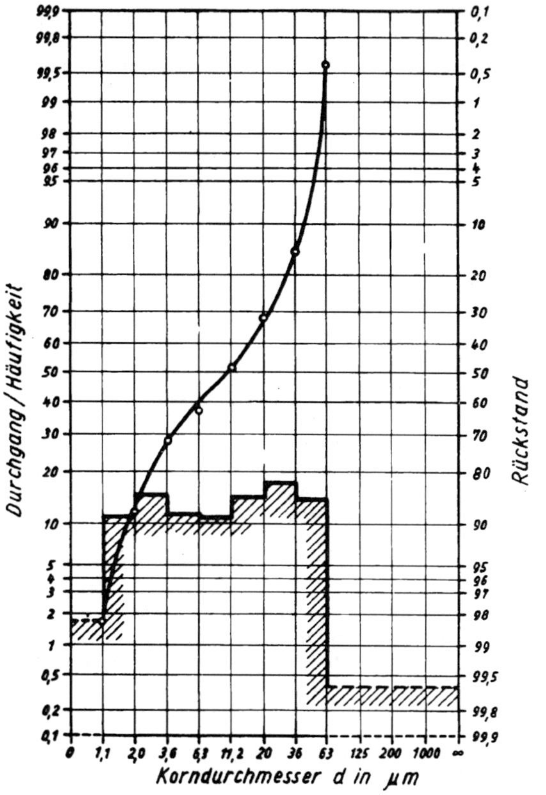

Bild 1. Rückstandskennlinie und Häufigkeitsverteilung von TiO_2 II (Verfahren nach *Dallendörfer* und *Langhammer*)

werden Antimonverbindungen verwendet. Bei TiO_2 VI und TiO_2 VII ist dagegen SiO_2 als Stabilisierungsmittel zur Belegung der aktiven Zentren auf der Pigmentoberfläche niedergeschlagen worden.

2 Prüfmethoden

Neben der chemischen Analyse, die nach den üblichen Vorschriften durchzuführen ist, soll sich die Beurteilung der Pigmente noch auf folgende Untersuchungen stützen:

1. Bestimmung der Teilchengröße und Kornverteilung,
2. Sedimentationsverhalten,
3. Herstellung einer pigmenthaltigen Spinnlösung und Probeverspinnung.

2.1 Die Bestimmung der Teilchengröße und die Ermittlung der Kornverteilung

Das Verhalten eines pulverförmigen Produktes hängt bis zu einem gewissen Grad von der Größe und der Gestalt des einzelnen Teilchens ab. Die Ermittlung dieser Faktoren steht jedoch mit der angewandten Meßmethode für die beiden Parameter in Beziehung. Über die Problematik, die bei derartigen Messungen auftritt, haben vor einiger Zeit *Rose* [6] und *Batel* [7] berichtet. Außerdem hat die Präparationsmethode Einfluß auf die Korngrößenverteilung [8]. Für die Praxis genügt aber meist die Information, die man durch Auszählen der Pigmentpartikel unter dem Mikroskop erhält. Man bekommt so z. B. Aufschluß über die durchschnittliche Korngröße und den Anteil an maximalen und minimalen Korndurchmessern. Allerdings ist der Informationswert einer einzelnen Zahl gering. Da aber oft nur ein oberer und ein unterer Grenzwert für die Teilchengröße gefordert werden, die z. B. durch den Titer der Fasern oder Durchmesser der Düsenbohrungen beim Spinnen (oberer Wert) und das maximale Remissionsverhalten (unterer Wert) festzulegen sind, ist diese Methode in vielen Fällen für die praktischen Belange ausreichend.

Das Ergebnis einer genauen Körnungsanalyse faßt man am besten in einer Kornverteilungskurve oder einer Rückstandskennlinie zusammen. Die dazu notwendigen Daten erhält man nach einem der üblichen Verfahren der Körnungsanalyse. Zu beachten ist hier allerdings, daß bei den für Pigmente fraglichen Korndurchmessern von ca. 0,5 bis 1,5 μm eine exakte Analyse schwierig ist und im wesentlichen die Werte durch sedimentationsanalytische Verfahren gewonnen werden müssen. Auf gewisse theoretische Schwierigkeiten bei der Auswertung derartiger Messungen hat *L. v. Eichborn* hingewiesen [9].

In neuerer Zeit haben sich automatische Sedimentationswaagen eingeführt [10]. In den Bildern 1 und 2 geben wir hierzu einige Ergebnisse wieder, die mit der Sedimentationswaage von *Satorius* ermittelt wurden. In der Form der Rückstandskurven sind bereits deutliche Unterschiede in der Kornverteilung zu erkennen. Es handelt sich bei TiO_2 II um ein Pigment, das für eine einwandfreie Mattierung unbrauchbar ist, während TiO_2 VI zu den Spitzenprodukten der Mattierungsmittel zählt. Derartige Rückstandskennlinien sind meist instruktiver als eine Verteilungskurve, die der Vollständigkeit halber auch mit in die Bilder 1 und 2 eingezeichnet worden ist.

Allgemein zeigt die Kornverteilungskurve von maschinell zerteilten Produkten, daß die Verteilung nicht der regelmäßigen *Gauß*schen Glockenkurve entspricht. In vielen Fällen haben die Kurven kein Maximum im meßbaren Bereich, sondern geben eine stetig wachsende Anhäufung nach feineren Korngrößen hin (Bild 2). Bei derartigen Unter-

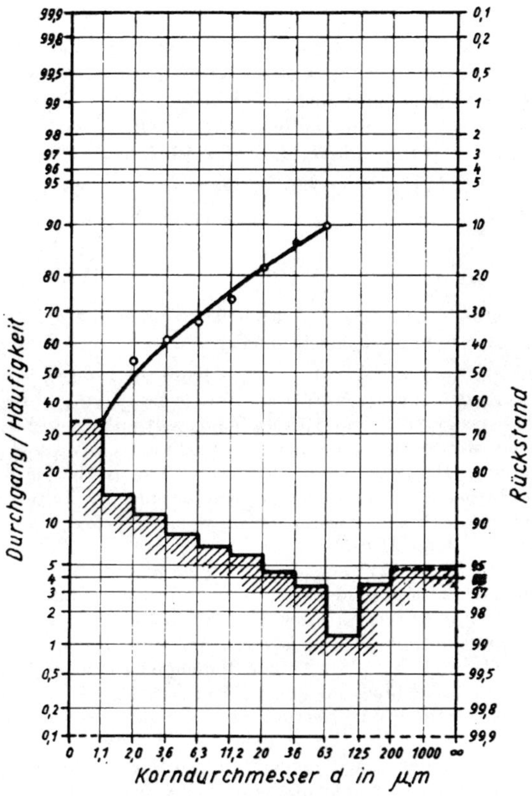

Bild 2. Rückstandskennlinie und Häufigkeitsverteilung von TiO_2 VI (Verfahren nach *Dallendörfer* und *Langhammer*)

suchungen sind echte und unechte Abweichungen zu beachten. Unter die unechten Abweichungen fallen hauptsächlich systematische Fehler der Körnungsanalyse, die sich nach dem allerfeinsten Korngrößengebiet progressiv vergrößern. Echte Abweichungen ergeben sich, wenn eine Sekundärkornbildung stattfindet, z. B. Aggregation, Agglomeration. Es entstehen dann Verteilungen, die sich der *Gauß*schen Formel nähern (Bild 1). In den Rückstandskennlinien geben sich diese Verhältnisse z. B. in einem Abbiegen der „RRS-Geraden" (*Rosin*, *Rammler* und *Sperling* [11]) oder durch eine Veränderung der Kennlinie bei verschiedenem Festkörperanteil in der Suspension zu erkennen, da in der Regel die Größe einer Agglomeration von der Konzentration des Festkörpers (Pigments) in der Suspension abhängt (*H. Becker* et. al. [10]). Die mehr oder weniger große Agglomerationsneigung eines Pigments ist aber eine Eigenschaft, die über dessen technologische Verwendbarkeit entscheidet. Insofern lassen sich aus der Auswertung der Sedimentationsanalyse Schlüsse ziehen.

So war das TiO_2 II des Bildes 1 gerade wegen seiner erheblichen Agglomeration für eine Pigmentierung abzulehnen. Derartige Aussagen ändern jedoch nichts an der Problematik, die darin besteht, daß hier ein Gerät eingesetzt wurde, welches offenbar gerade im interessierenden Bereich der Korngrößen die Grenzen seiner Leistungsfähigkeit erreicht [6, 10].

2.2 Das Sedimentationsverhalten

Unabhängig von der Problematik der Sedimentationsanalyse ist die Kenntnis des Sedimentationsverhaltens der Pigmente. Durch den Vergleich der Sedimentation von Suspensionen gleichen Festkörpergehaltes verschiedener Pigment-Provenienzen können sehr rasch Erkenntnisse über die Eignung eines Pigments für Mattierungszwecke gewonnen

Tabelle 3. Sedimentationshöhen einiger TiO_2-Mattpigmente in verschiedenen Suspensionsmitteln. Gleicher Festkörperanteil von 10% und gleiche Sedimentationszeit von 20 h

TiO_2	Suspensionsmittel	Höhe der suspensoiden Phase [cm]
II	Wasser	18
V	Wasser	97
VI	Wasser	23
VII	Wasser	48
I	Wasser und 15% vom Pigmentgewicht Alkylnaphthylsulfat als Peptisiermittel	94
II	Wasser und 15% vom Pigmentgewicht Alkylnaphthylsulfat als Peptisiermittel	70
I	Gesättigte wäßrige Lactamlösung	84
II	Gesättigte wäßrige Lactamlösung	35
II	Methanol	90

oder Einflüsse von Dispergatoren und Peptisiermittel studiert werden. Man verfährt dabei so, daß die Suspensionen in Meßzylinder gleicher Größe gefüllt werden und nach bestimmten Zeitabschnitten die Höhe des Sediments an den Marken abgelesen wird. Natürlich lassen sich auch *Andreasen*-Zylinder einsetzen und Ergebnisse nach der Schlämmanalyse gewinnen. Man erhält Vergleichszahlen, die Aussagen über das Verhalten des Pigments in einer Suspension machen[1]). Vorteilhaft ist es, als Suspensionsmittel die Spinnlösungen selbst oder deren ähnliche Systeme zu verwenden (z. B. Viskosen ohne Cellulose, also Natronlauge, Wasser und CS_2 im Verhältnis der Zusammensetzung der Viskose). Für Fasern, die nach dem Schmelzspinnverfahren erzeugt werden, setzt man am besten geeignete Lösungen des Monomeren als Suspensionsmittel ein, die entsprechende Mengen von Polymerisationsbeschleunigern, Katalysatoren usw. enthalten.

In Tabelle 3 haben wir einige derartiger Sedimentationsversuche zusammengefaßt. Günstigerweise werden hohe Konzentrationen an Festkörperanteilen in der Suspension verwendet. In der Regel bildet sich eine klare Trennlinie zwischen einer oberen flüssigen und einer unteren suspensoiden, sedimentierenden Phase aus. In Tabelle 3 ist die Höhe dieser Trennlinie für die einzelnen Pigmente vermerkt. Je höher also die Trennlinie im Meßzylinder steht, desto günstiger ist das Pigment (oder Suspensionsmittel) zu bewerten. Ebenso läßt sich leicht eine Agglomeration erkennen. So ist das TiO_2 II im angegebenen Zeitraum in Wasser fast vollständig sedimentiert, während es in Methanol noch weitgehend in der Suspension gehalten wurde. Gesättigte wäßrige Lactamlösung verhält sich nahezu wie die wäßrige Aufschwämmung. Dagegen gelingt es, unter Zuhilfenahme eines Peptisiermittels die Sedimentation im fraglichen Zeitraum einzuschränken.

Über die Möglichkeit, aus derartigen Sedimentationsversuchen die Korngröße der Pigmentpulver zu bestimmen, hat *Delahaye* [12] berichtet.

2.3 Probeverspinnung

Die beste Beurteilung der Pigmente erfolgt durch das versuchsweise Verspinnen neu einzusetzender Pigmente

[1]) Über die Anwendung dieser Methode bei der Aufbereitung von TiO_2-Pigmenten berichten wir im Teil II dieser Arbeit.

neben bekannten und bewährten Produkten, wobei festgestellt werden kann:

1. Glanzzahl bei bestimmter Anwendungsmenge,
2. notwendige Menge bei gleichen Matteffekten,
3. Beeinflussung des Filterwertes oder Sedimentation im Polymerisationsansatz,
4. Verteilung des Pigments in der Faser durch Mikrobild,
5. Beeinflussung der Fasereigenschaften wie Festigkeit und dgl.,
6. Beeinflussung des Weißgehaltes der Faser,
7. Katalytische Beeinflussung des Fabrikationsprozesses und mechanische Beanspruchung der Produktionsapparate, z. B. durch Arbeiten mit TiO_2 im Zerfaserer (Vorreife) oder im Simplexkneter und Aussehen der Viskose (Abrieb) oder Verfärbungen des Polymerisates.

Diese Beurteilungsmethode ist also die umfassendste, dafür aber an das Vorhandensein von Versuchsanlagen geknüpft. Diesem verhältnismäßig großen Aufwand steht dabei der Vorteil des Studiums eines genauen technologischen Verhaltens des Pigmentes gegenüber.

Selbstverständlich lassen sich die eben skizzierten und die weiter unten noch zu beschreibenden Bewertungskriterien sinnvoll für eine Vorauswahl der Pigmente einsetzen, so daß dadurch der finanzielle Aufwand, den z. B. die Erspinnung von 10 kg pigmentierter Zellwolle erfordern, in Grenzen gehalten werden kann. Im folgenden wollen wir die Beeinflussung einiger technologischer Parameter des Viskoseverfahrens, wie Filterwert, Spinnverlauf, aber auch Vorreife der Alkalicellulose durch den Pigmentzusatz behandeln.

2.3.1 Die Beeinflussung des Filterwerts von Viskosen durch Pigmentzusätze

Die empfindlichsten Störungen durch ungeeignete Pigmente treten im Herstellungsprozeß der Viskosefasern neben einem mangelhaften Spinnverlauf bei der Filtration der Viskose auf. Hauptverantwortlich für ein übermäßiges Ansteigen der Filterwerte ist die Agglomeration des Pigmentes in der Viskose, da bisher in der Regel ein Zusatz des Mattierungsmittels im Löser oder Xanthatkneter erfolgt, um eine gleichmäßige Dispergierung zu erreichen. Um diese Verhältnisse zu demonstrieren, wurden Untersuchungen über die Beeinflussung des Filterwertes durch Titandioxidpigmente angestellt, nach denen wiederum Pigment II abzulehnen ist, TiO_2 IV noch geeignet erscheint und TiO_2 VI als hervorragend bezeichnet werden muß, da es den Filterwert praktisch nicht verändert.

Den Mahlgrad als Maßzahl für die Teilchengrößenverteilung des Pigmentes in der Viskose definieren wir als das Verhältnis:

$$\frac{\text{Filterwert der Mattviskose}}{\text{Filterwert der Glanzviskose}} = \frac{Kw_m}{Kw_g} = M.$$

Diese Zahl gibt also an, um wievielmal der Filterwert durch den Pigmentzusatz verschlechtert wird. Der Mahlgrad sollte für brauchbare Pigmente höchstens 2 betragen, also bei guten Viskosen den Filterwert verdoppeln. Da eine Differenzierung in gute und schlechte Viskosen schwer festzulegen ist, weil sie sich nach dem Zellstoff und den sonstigen betrieblichen Gegebenheiten richtet, scheint es günstiger, neben dem Mahlgrad noch zur Charakterisierung der Beeinflussung des Filterwertes durch das Pigment die Differenz zwischen Matt- und Glanzviskose anzugeben. Wenn beispielsweise der Filterwert einer mattierten Viskose um 40 Einheiten höher liegt, also die Differenz $D = 40$ ausmacht, so beträgt der Mahlgrad (Verhältniszahl) bei:

Filterwert ohne TiO_2-Zusatz	Filterwert Mattviskose	Mahlgrad (Verhältniszahl)
20	60	3
100	140	1,4

Die ersten Viskosen sind aber trotz des hohen Mahlgrades betrieblich vorteilhafter.

Zur Bestimmung des Mahlgrades kann man folgendermaßen vorgehen: In einem Versuchskneter wird eine normale Betriebsviskose als Glanzviskose hergestellt und deren Filterwert bestimmt. Danach rührt man in die fertige Viskose die berechnete Menge TiO_2 in Form eines Viskose-Teiges oder einer Suspension ein und bestimmt erneut den Filterwert dieser nunmehr mattierten Viskose. Aus beiden Werten lassen sich dann M und D berechnen.

Der Weg, Glanzviskose herzustellen und dann die verschiedenen Titandioxid-Suspensionen mit der Hand bzw. dem Blitzmischer einzurühren, hat sich nicht immer als gangbar erwiesen. Man erhält besonders bei jenen Suspensionen, die Stellmittel enthalten, keine homogenen Mattviskosen. Die Folge davon sind unsinnige Filterwerte. Selbstverständlich lassen sich zu den Bestimmungen auch bereits filtrierte Viskosen verwenden. Um vergleichbare Werte zu erhalten, ist es unerläßlich, nach einer standardisierten Filterwertsbestimmung (z. B. Fachgruppenmethode) zu verfahren, d. h. stets dieselbe Filterstoffkomposition zu verwenden.

Aus dem eben genannten Beispiel geht noch ein weiteres hervor. Es ist nämlich nicht in jedem Fall gleichgültig, ob zur Beurteilung des Pigments „gute" oder „schlechte" Viskosen herangezogen werden. Führt man mit Viskosen abgestuften Filterwerts Mahlgraduntersuchungen mit ein und demselben Pigment durch, so stellt man unter Umständen eine gewisse Abhängigkeit des Mahlgrades vom Filterwert fest. In Bild 3 ist eine Kurve für den Fall konstruiert worden, daß der Filterwert der Glanzviskose stetig um 20 Einheiten ansteigt, die Differenz D aber konstant 50 beträgt.

Mit den Angaben $M = \frac{Kw_m}{Kw_g}$, $Kw_m = Kw_g + \text{konst.}\ D$ und daraus $M - 1 = \frac{c}{Kw_g}$ läßt sich eine Hyperbelschar entwerfen, die als Nomogramm die Abschätzung der Filterwerte bei bekanntem Mahlgrad oder bekannter Differenz gestattet. Praktisch stellt Bild 3 einen Ausschnitt aus solch einer Hyperbelschar dar, wobei für Betriebsmessungen und

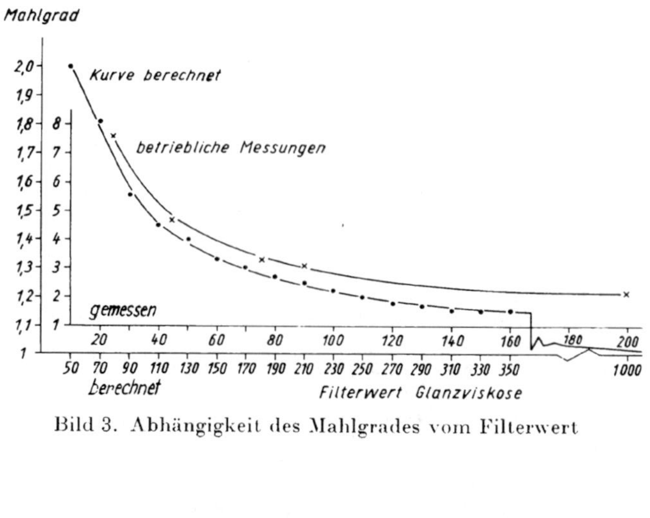

Bild 3. Abhängigkeit des Mahlgrades vom Filterwert

den berechneten Fall der Einfachheit halber verschiedene Koordinaten gewählt wurden, da bei den praktischen Messungen weder eine stetige Steigerung des Filterwertes noch eine konstante Differenz vorliegen. Man erkennt aber, daß der praktische Fall sich der theoretischen Kurve gut anpaßt[2]).

Neben der stets vorhandenen Ungenauigkeit der Filterwertsmessung überlagern sich der Kurve noch Viskoseeinflüsse. Man sollte daher für derartige Bewertungen des Titandioxids nur betrieblich aktuelle Filterwerte berücksichtigen.

2.3.2 Beeinflussung der Vorreife von Alkalicellulosen und des Lösungszustandes von Viskosen durch TiO_2-Pigmente

Gelegentlich wird beobachtet, daß Mattviskosen im Betriebsablauf ein besseres Filtrationsverhalten zeigen als Glanzviskosen. Weiterhin lassen sich auch bei der Mahlgradbestimmung Werte unter 1 ermitteln. Allerdings hat dies zunächst nichts mit dem hier zu schildernden Sachverhalt zu tun. Es sind vielmehr nicht so sehr die Filterwerte als die Filterdurchsatzmengen, die zu der genannten, scheinbar paradoxen Beobachtung führen[3]). Zur Erklärung können zwei Überlegungen angestellt werden:

1. Wirkt TiO_2 als Reifebeschleuniger und setzt dadurch die Viskosität der Viskosen herab?
2. Verändert die Pigmenteinlagerung den Lösungszustand der Viskose und führt so eine Viskositätsänderung herbei?

Beide Überlegungen gehen darauf hinaus, daß eine Viskositätsherabsetzung die Durchsatzmenge an Viskose durch die Filter erhöht und so trotz Filterwertserhöhung die Filtration der Viskose günstiger ausfällt. Als Grundlage für diese Annahme dienten eine mathematische Untersuchung von *Zavarski* [14] über das Standardfiltrationsgesetz von *Hermans* und *Bredée* und Bemerkungen von *Matthes* zur Rolle der betrieblichen Filtration [15].

Vergleicht man Viskosen, die unter analogen Bedingungen aus Alkalicellulosen mit und ohne Zusatz von TiO_2 bereitet wurden, so kann man z. B. wie in der Tabelle 4 feststellen, daß die Mattviskosen durchweg niedere Viskositäten aufweisen. Eine Tatsache übrigens, die jedem Praktiker der Viskosefabrikation geläufig ist, wenn von Matt- auf Glanzviskose umgestellt wird, ohne daß die sonstigen Bedingungen geändert werden. Offensichtlich ist durch den Pigmentzusatz ein stärkerer Abbau erfolgt.

An einer anderen Versuchsreihe wurde dieser durch Messungen des DP (Nitratmethode) demonstriert. Es ergaben sich die Werte der Tabelle 5.

Zu entscheiden ist, ob die Beschleunigung der Vorreife katalytisch durch Abrieb des eisernen Zerfaserers oder durch eine vom TiO_2 bewirkte Sauerstoffübertragung hervorgerufen wird, so wie man sie z. B. bei der Beschleunigung der chemischen Vorreife mit H_2O_2 beobachten kann [16]. Zu diesem Zweck sind in der Tabelle 5 auch Werte vermerkt, die durch eine Flaschenvorreife ohne Zerfaserung der Alkalicellulose unter Beigabe von TiO_2 erhalten wurden. Diese werden dann aktuell, wenn z. B. in der Xanthatmaschine die mit TiO_2 versetzte Alkalicellulose vor Sulfidierbeginn abgekühlt werden muß. Wie man sieht, findet hier ebenfalls eine verstärkte Abbaureaktion statt, z. B. vom DP 286 auf DP 206. Letztlich müssen also beide Möglichkeiten in Betracht gezogen werden.

Tabelle 4. Viskositätsvergleiche zwischen Matt- und Glanzviskosen

Zellstoff	Pigment	Viskosität*)
Buche Sulfit	ohne	28
Buche Sulfit	TiO_2 I	19
Buche Sulfit	TiO_2 III	12
Fichte Sulfit	ohne	32
Fichte Sulfit	TiO_2 I	23
Fichte Sulfit	TiO_2 I	26
Fichte Sulfit	TiO_2 III	25
Fichte Sulfit	TiO_2 III	17

*) Betriebsüblich gemessen in Kugelfall-s

Tabelle 5. Abbauversuche mit TiO_2 an Akalicellulosen

Alkalicellulose	DP	Bemerkungen
Ausgangswert	286 362	Ges. Vorreife 27,5 h in Flasche
ohne TiO_2 zerfasert	231	Ges. Vorreife 27,5 h, davon 1,5 h zerfasert
mit TiO_2	206	Ges. Vorreife 27,5 h in Flasche
mit TiO_2	174	Ges. Vorreife 27,5 h, davon 1,5 h zerfasert

Neben einem durch verstärkten Abbau hervorgerufenen Viskositätsabfall kann auch eine Viskositätsminderung durch die bloße Einarbeitung von TiO_2 zu Glanzviskosen beobachtet werden. Bei einer Glanzviskose ergab sich durch Messung mit dem *Höppler*-Rheoviskosimeter z. B. eine Viskosität von 665 cP (= 79,72 °E). Dieselbe Viskose mit 1% TiO_2 (auf Cellulose berechnet) versetzt, zeigte nur 590 cP (= 70,75 °E). Um Rühreffekte auszuschalten, waren beide Proben vor der Messung genau gleich behandelt worden. Da indessen das strukturviskosimetrische Verhalten von technischen Cellulosexanthogenatlösungen noch wenig erforscht ist, wollen wir aus diesen Beobachtungen keine Schlüsse ziehen, sondern sie nur als Beleg für das abweichende filtrationstechnische Verhalten von Mattviskosen werten.

2.3.3 Beeinflussung der Fasereigenschaften[4])

Für den Vergleich der Pigmente sollten weiterhin noch textile Werte der mattierten Fasern, der Mattierungsgrad und die Verteilung des Pigments in der Faser durch Mikrobild ermittelt werden.

[2]) *Reeves* und *Crank* [13] haben neuerdings in ihrer Diskussion zur Filtrationstheorie von Viskoselösungen Formeln entwickelt, die den Filtervorgang in Abhängigkeit von der Partikelgröße beschreiben. Sie gelangen dabei zu ähnlichen Hyperbelscharen. Formal liegt hier das gleiche Problem vor, nur daß an Stelle der Gelpartikel der Viskose TiO_2-Agglomerate abgestuften Teilchendurchmessers treten.

[3]) Vgl. hierzu auch *F. Kolos* und *E. Treiber*, Changes in Particle Distribution in Viscose Solutions. Part. 2. The constant rate Filtration of Viscose. Svensk Papperstidn. **66** (1963) 19, S. 765—777.

[4]) Näheres folgt im Teil II dieser Arbeit.

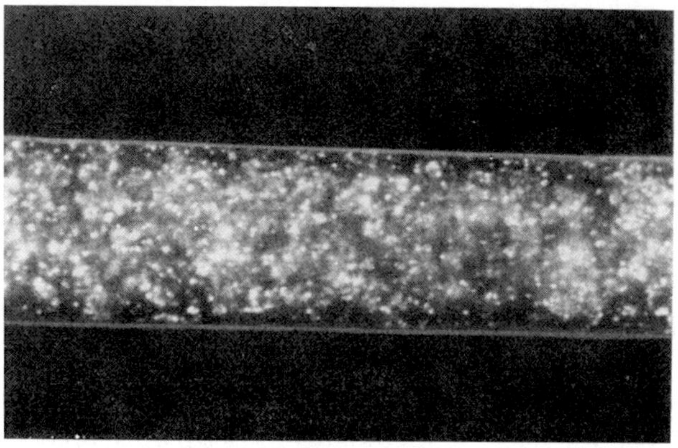

Bild 4. TiO_2-Verteilung in Kunstseide (Aufnahme im polarisierten Licht)

Die textilen Werte, wie Festigkeit, Schlingenfestigkeit, Knickfestigkeit usw. werden von der Art der Einlagerung bzw. der Größe und des Verteilungsgrades des Pigments beeinflußt. Derartige Ergebnisse erhält man sicher durch Probeverspinnungen unter konstanten Verhältnissen. Die Höhe des Mattierungsgrades (Glanzzahl) gibt Hinweise für die zu erwartenden Effekte und die einzusetzende Pigmentmenge. Neben dem Verteilungsgrad in der Faser haben hierauf Oberflächenstruktur, Korngröße und -verteilung sowie Verunreinigungen des Pigments Einfluß. Schließlich können an Faseraufnahmen die Verteilung des Pigments in der Faser und produktionsstörende bzw. qualitätsmindernde Agglomerate in der Faser erkannt werden. Hierzu bringen wir im Bild 4 ein Beispiel. Man erkennt deutlich neben dem Einzelkorn des Pigments wolkige Zusammenballungen, die zu ungleichmäßigen Mattierungen führen. Neben derartigen Untersuchungen kann auch eine Aschebestimmung des Spinngutes am Anfang und Ende des Spinnversuchs über eine Sedimentation in der Spinnmasse Aufschluß geben.

3 Sonstige Bewertungskriterien

Im Anschluß an die bisher erörterten Untersuchungsmöglichkeiten wollen wir noch einige Ergebnisse mitteilen, die wir an den bereits genannten TiO_2-Pigmenten gewonnen haben. Ausgangspunkt war auch hier die Tatsache, daß unter den einzelnen Pigmenten erhebliche Differenzierungen zu verzeichnen sind und wir eine möglichst umfassende Charakterisierung über das Pigment anstrebten. Zu diesem Zweck untersuchen wir die Flüssigkeitsaufnahme von TiO_2-Pulvern, das elektronenmikroskopische Bild und prüften mit einem Gelteilchenzählgerät mattierte Spinnlösungen. Auch aus dem Viskositätsverhalten von Pigmentsuspensionen ergeben sich Anhaltspunkte für eine Beurteilung des Pigments. Ausgehend von den idealen Annahmen der *Einstein*schen Gleichung, ist die theoretische Deutung der Meßwerte, wie sie z. B. mit einem *Höppler*-Viskosimeter erhalten werden, jedoch schwierig. Zudem lassen sich bei den meisten Pigmenten nur schwer verläßliche Meßergebnisse ableiten, Gründe, die einer praxisnahen Untersuchung hinderlich sind. Wir verzichten deshalb auf die Wiedergabe unserer Untersuchungen hierzu.

3.1 Die Messung der Flüssigkeitsaufnahme durch TiO_2-Pulver

Die Messung der Flüssigkeitsaufnahme zeigt, daß man auf diesem Weg auch das Verhalten völlig unquellbarer, hydrophiler bzw. hydrophober Pulver verfolgen kann. Man bestimmt dabei die Flüssigkeitsmenge, die in die Hohlräume zwischen die einzelnen Körner eindringt, und zwar sowohl die Gesamtmenge als auch die Geschwindigkeit, mit der sich dieser Vorgang abspielt, und kann daraus Schlüsse auf die Benetzbarkeit der Pulver ziehen.

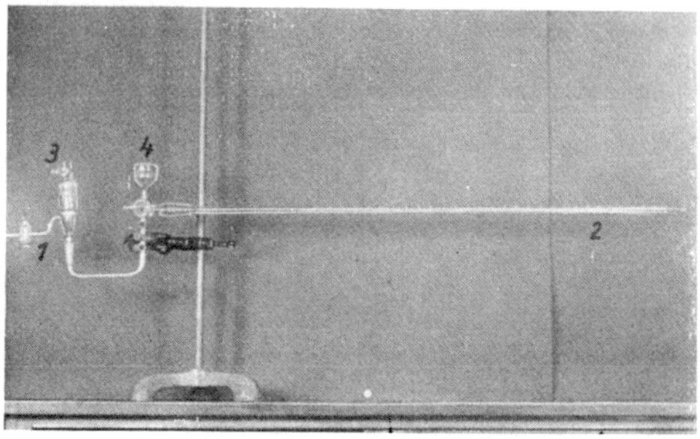

Bild 5. Gerät nach *Enslin* zur Messung der Flüssigkeitsaufnahme von Pulvern

1. Meßtiegel mit Niveauausgleich, 2. kalibriertes Meßrohr, 3. Deckel mit Hahn für Druckausgleich, 4. Füllvorrichtung für Penetrationsflüssigkeit.

Die Untersuchungen wurden mit einem Apparat durchgeführt, den *Enslin* [17] beschreibt und der in Bild 5 dargestellt und im folgenden kurz skizziert werden soll. Das TiO_2-Pulver befindet sich auf einem Glasfilter (G 2, Jena), das in gleicher Höhe mit dem horizontalen Meßrohr steht. Das obere Ende des Glastiegels ist mit einem Verschlußdeckel versehen, in dem sich außer dem Hahn noch eine fein ausgezogene starkwandige Kapillare befindet. Dadurch läßt sich das Verdampfen ausschalten und der Druck ausgleichen. Unterhalb der Filterplatte befindet sich seitlich ein Ablaufhahn, der beim Füllen des Apparats benutzt wird. Die untere Seite der Filterplatte ist etwas abgeschrägt, um beim Füllen das Ansammeln von Luftblasen zu vermeiden. Das Volumen der aufgenommenen Flüssigkeitsmenge liest man unmittelbar an dem kalibrierten Rohr ab. Tiegel und Ausgleichsrohr können in einem Flüssigkeitsthermostaten untergebracht werden. Beim Ansetzen des Versuchs muß darauf geachtet werden, daß sich keine Luftblasen in der Apparatur befinden und daß das Meßrohr genau waagerecht liegt. Die TiO_2-Pulver werden mittels kleiner Trichter auf die Filterplatte gehäuft. Mit der Stoppuhr verfolgt man die Flüssigkeitsaufnahme pro Zeiteinheit. Um die Meßzeit nicht allzusehr auszudehnen, wurde bei den vorliegenden Messungen der Vorgang der Flüssigkeitsaufnahme nur bis zur Erreichung eines Maximums verfolgt, ohne im allgemeinen die Einstellung eines Gleichgewichts abzuwarten. Zweckmäßigerweise werden die Ergebnisse aus mehreren Versuchen gemittelt.

Das Porenvolumen von isodispersen Pulvern, deren Einzelteilchen Kugelform besitzen, bleibt bekanntlich für die engste Kugelpackung auch bei der Änderung des Durchmessers konstant. Liegen jedoch heterodisperse Systeme vor oder entfernt sich die Teilchenform von der der idealen Kugel, so ändert sich auch das Porenvolumen. Diese Abhängigkeit ist im allgemeinen um so ausgeprägter, je weiter die Teilchen von der Kugelform abweichen. Dabei wird es kleinen Teilchen leichter fallen, die zwischen ihnen bestehenden Unebenheiten auszufüllen und damit einen kleinen Porenraum zu bilden, als dies bei gröberer Verteilung möglich ist. Sinngemäß sind diese Überlegungen auch auf ein Pulver

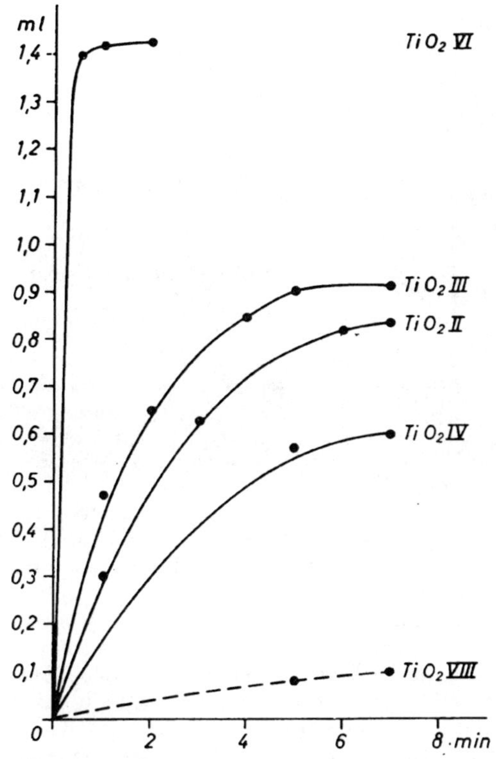

Bild 6. Benetzungskurven von TiO_2-Pigmenten unterschiedlicher Provenienz. Benetzung mit Wasser.

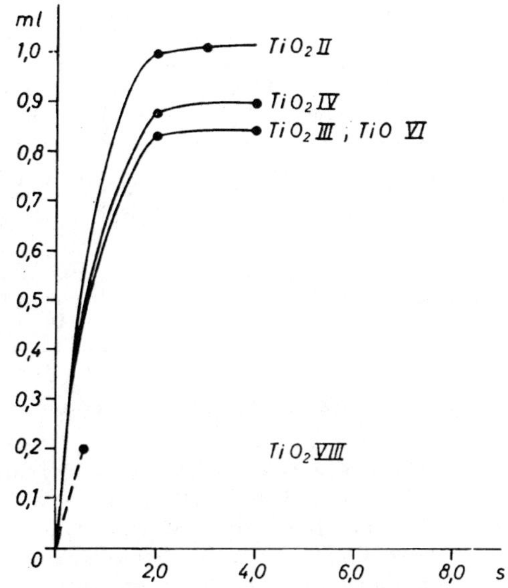

Bild 7. Benetzungskurven von TiO_2-Pigmenten unterschiedlicher Provenienz. Benetzung mit Benzol.

anzuwenden, bei dem es zu Agglomeraten kommt. Diese Tatsachen machen sich in einer unterschiedlichen Flüssigkeitsaufnahme bemerkbar. Bild 6 soll dies für einige Pigmente demonstrieren. Als Penetrationsmittel wurde Wasser eingesetzt, aufgetragen ist die aufgenommene Menge Flüssigkeit in ml über der Zeit in min. Man beobachtet drei Pigmentgruppen, charakterisiert durch Pigment TiO_2 VI, den Pigmenten TiO_2 II, III und IV und als dritte Gruppe Pigment TiO_2 VIII. Mit TiO_2 II, III und IV liegen Produkte vor, bei denen es während des Benetzens zu Agglomeraten kommt, sich also ein sehr heterodisperses System ausbildet. Gekennzeichnet ist dies durch ein mittleres Poren-Volumen und einen langsameren Einstellvorgang des Gleichgewichts. TiO_2 VIII ist ein Produkt mit 30% Stellmittel, das die Neigung zum Agglomerieren behindert. Ein kleineres Poren-Volumen ergibt dabei eine geringe Flüssigkeitsaufnahme. Im Vergleich zu den anderen Pigmenten verläuft auch der Benetzungsvorgang sehr langsam, was auf eine hydrophobe Einstellung hindeutet. TiO_2 VI ist durch eine rasche und verhältnismäßig große Flüssigkeitsaufnahme gekennzeichnet. Es läßt sich hier auf ein System ohne Agglomeratneigung schließen. Dieses Pigment besitzt annähernd kugelförmige Teilchen (siehe Abschnitt 4.2.) Seine Korngröße dürfte etwas größer als die der anderen Pigmente sein (siehe auch Bilder 11 und 12).

TiO_2 ist Wasser gegenüber negativ geladen. Da geladene Teilchen eher die Möglichkeit haben, aneinanderzugleiten, ergibt sich allein hierdurch schon eine Veränderung des Porenvolumens. Ladung und weiterhin Haftneigung sind vom pH-Wert, der Kristallstruktur und der Belegung der Kornoberfläche mit Fremdionen abhängig, Parameter, die das Pigment vom Aufschluß des Ilmenits her mitbringt. Hieraus erklären sich dann Agglomeration und Aggregatbildung (Sekundärkorn). Führt man daher die Benetzungsversuche mit unpolaren Flüssigkeiten durch, werden sich u. U. die sich mit Wasser ergebenden Differenzierungen weitgehend aufheben. Daß dies tatsächlich der Fall ist, zeigt Bild 7, in dem Benetzungsversuche mit Benzol verzeichnet sind. Ähnliche Kurven wurden mit Chloroform gefunden, während z. B. Methanol oder Aceton als Penetrationsflüssigkeit in der Differenzierung zwischen Wasser und Benzol stehen. Allerdings sind auch bei unpolaren Flüssigkeiten Agglomerationen nicht ganz ausgeschlossen (siehe z. B. [18]). Die gegenüber Wasser hier wesentlich verkürzten Benetzungszeiten lassen sich auf veränderte Kapillarkräfte zurückführen, während die Flüssigkeitsmengen durch die Korngröße festgelegt sind. TiO_2 II und TiO_2 IV nehmen gegenüber Wasser mehr Penetrationsmittel auf, während auffälligerweise TiO_2 III und TiO_2 VI weniger benötigen, wohl als Folge der durch das Kraftfeld der Oberflächenmoleküle bedingten Menge an Zwischenkornflüssigkeit. Gleichbleibend und aus dem Rahmen fallend in seinem Verhalten ist wieder TiO_2-Pigment VIII.

Zum weiteren Studium des Verhaltens von Pigmenten können unter Beachtung der Viskositätseinflüsse als Penetrationsmittel Lauge, verdünnte Viskose, Lactamlösung usw. benutzt werden. Somit lassen sich aus den Messungen der Flüssigkeitsaufnahme Schlüsse für das Verhalten von Pigmentpulvern ziehen, wenngleich sie allein für eine Charakterisierung nicht ausreichen. Immerhin sind unter Umständen sehr weitgehende Differenzierungen möglich, wie Bild 8 zeigt. Hier wurden zwei Anatas- und eine Rutilmodifikation eines TiO_2-Pigments geprüft, wobei die Pigmente im praktischen Spinnversuch keine Unterschiede zeigten, wohl aber in ihrem Dispersitätsgrad in der Viskose. Das Ergebnis einer Korngrößenauszählung dieser Pigmente unter dem Mikroskop faßt Tabelle 6 zusammen.

Tabelle 6. Korngrößenauszählungen

	Rutil stabilisiert [μm]	Anatas unstabilisiert [μm]	Anatas stabilisiert [μm]
Maximalwert	1,26	1,68	1,68
Mittelwert	0,78	0,65	0,94
Minimalwert	0,42	0,42	0,42
Prozentuale Vert.	15% 0,42 83% 0,84 2% 1,26	44% 0,42 36% 0,84 16% 1,26 4% 1,68	24% 0,42 42% 0,84 20% 1,26 14% 1,68

3.2 Das elektronenmikroskopische Bild von Titandioxid-Pigmenten

Ausschlaggebend für eine leichte Dispergierbarkeit der Pigmente ist neben einer Absättigung der aktiven Zentren im Kristallgefüge durch Stabilisierungsmittel oder der Wirkung des Stellmittels als Schutzkolloid auch die Oberflächenbeschaffenheit des Einzelkorns. Hiervon hängt ebenfalls die Neigung zur Aggregat-Bildung ab. Um dies zu demonstrieren, wurde eine Serie elektronenmikroskopischer Aufnahmen angefertigt, aus der wir die Bilder 9 bis 12 bringen. Sie stellen Aufnahmen der Pigmente TiO_2 II und TiO_2 VI dar, der Pigmente also, die nach der bisherigen Prüfung als schlecht bzw. sehr gut bezeichnet werden müssen.

Methodisch wurde so verfahren, daß einmal wäßrige Suspensionen der Pigmente auf Lackhäutchen aufgebracht wurden, und zum anderen wurden Suspensionen in Methanol hergestellt und damit dünne Kohlehäutchen belegt. Zur besseren Kontrastierung sind diese Präparate anschließend mit einer Platin-Kohle-Mischschicht unter 45° schräg beschattet worden [19]. Die Schatten erscheinen in der Aufnahme als weiße Kontur. Die Strukturen auf den leeren Häutchen sind zufällig und stammen vom Träger, sind also ohne Bedeutung.

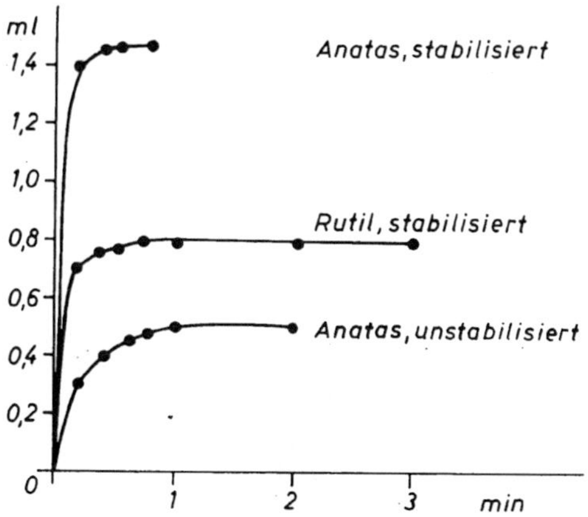

Bild 8. Benetzungskurven von TiO_2-Pigmenten unterschiedlicher Kornverteilung. Benetzung mit Wasser.

Bild 9 und 10 zeigen das (schlechte) Pigment TiO_2 II. Es weist gegenüber den Bildern 11 und 12 des (guten) Pigments TiO_2 VI die kleineren Teilchendurchmesser auf. Dieser Schluß ist jedoch nicht zwingend, da sich, durch die Präparationsmethode bedingt, größere Pigmentkörner durch zu rasches Sedimentieren der Untersuchung entzogen haben können. Beim Studium der Einzelkörner fällt das Titandioxid VI durch die gleichmäßigeren Teilchendurchmesser auf. Es ist oft eine Auflösung bis zum Einzelkorn festzustellen. Die Oberfläche der Körner ist hier gerundet und glatt.

Pigment II zeigt dagegen an vielen Stellen eine rauhe, gezackte und gezahnte Teilchenoberfläche. Es kommt dadurch zu Verhakungen der Teilchen untereinander. Die Folge davon ist schon rein mechanisch die Ausbildung eines schwer zerteilbaren Sekundärkornes (Bild 9 und 10).

3.3 Teilchenzählungen an mattierten Viskosen

In den letzten Jahren sind Gelteilchenzählgeräte in die Viskoseindustrie eingeführt worden, die entweder

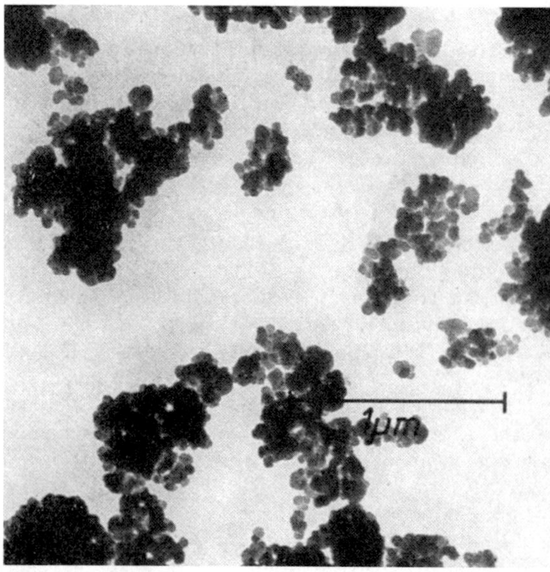

Bild 9. Elektronenmikroskopisches Bild von TiO_2 II. Originalvergr. 45000fach. Pigment in Wasser suspendiert.

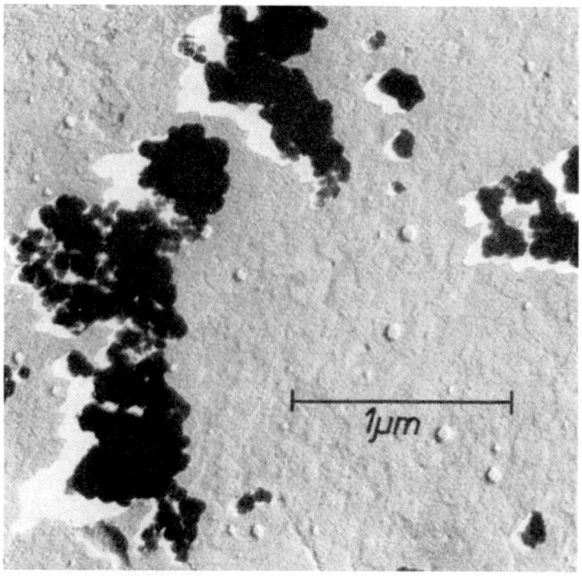

Bild 10. Elektronenmikroskopisches Bild von TiO_2 II. Originalvergr. 45000fach. Metalldampf schrägbeschattet. Pigment in Methanol suspendiert.

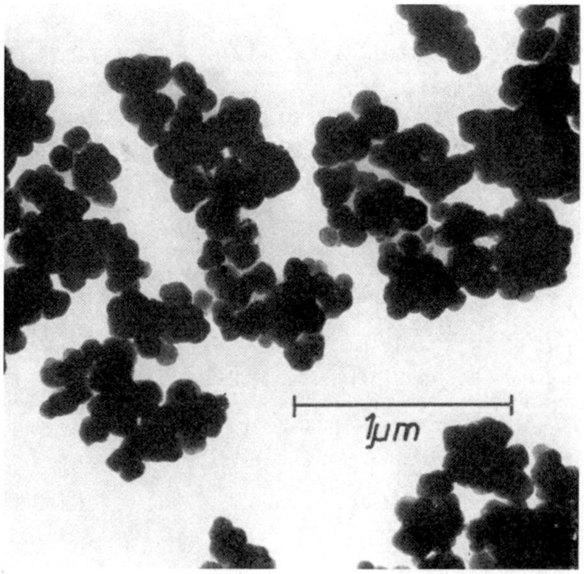

Bild 11. Elektronenmikroskopisches Bild von TiO_2 VI. Originalvergr. 45000fach. Pigment in Wasser suspendiert.

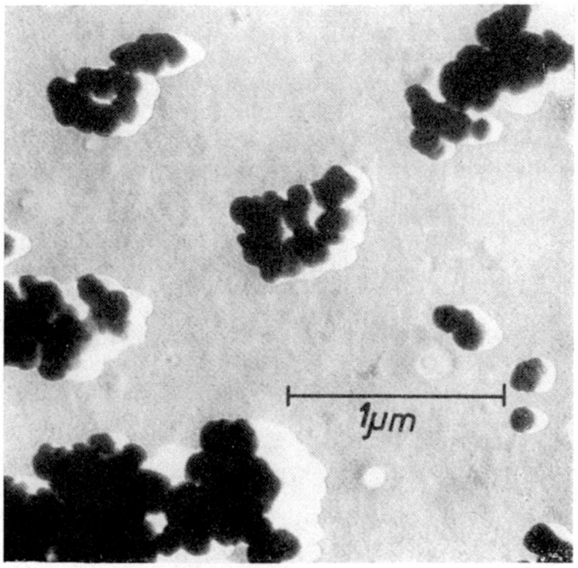

Bild 12. Elektronenmikroskopisches Bild von TiO_2 VI. Originalvergr. 45000fach. Metalldampf schrägbeschattet. Pigment in Methanol suspendiert.

nach einem optischen [20] oder nach einem konduktometrischen Prinzip [21] arbeiten und die Aufstellung eines Partikelspektrums der Viskose gestatten. Da das Partikelspektrum der Viskose Einfluß auf das Filtrationsverhalten der Viskose nimmt, bietet sich in den Gelteilchenzählgeräten ebenfalls ein bequemes Hilfsmittel zur Charakterisierung der Pigmente an. Für den praktischen Gebrauch wird es in den meisten Fällen genügen, entsprechend mattierte Betriebsviskosen der Zählung zu unterwerfen. Da zunächst nicht zwischen Gelteilchen der Viskose, Asche und Harzbestandteilen des Zellstoffs und dem Mattierungsmittel unterschieden werden kann, ist es dabei zweckmäßig, bei der Prüfung als Parallelversuch eine Viskose zu untersuchen, die mit einem anerkannt gutem Pigment mattiert wurde, das zu keinerlei Betriebsstörung Anlaß gibt. Ein Vergleich zeigt dann, inwieweit es zu Agglomeraten gekommen ist bzw. Ungleichmäßigkeiten in der Verteilung auftreten. Die Tabellen 7 und 8 fassen einige derartige Messungen zusammen. Gegenübergestellt sind wieder das ungünstige Titandioxid II und die zur Mattierung von Viskose gut geeigneten Pigmente V und VI. Tabelle 7 ist zu entnehmen, daß besonders die Partikel, deren Durchmesser größer als 30 μm ist, bei Pigment II nahezu in doppelter Anzahl vorhanden sind. In Tabelle 8 sind Zählungen an Mattviskosen verzeichnet, die eine Feinfiltration durchgemacht haben. Auffällig ist hier bei Pigment II die große Zahl der Teilchen, deren Durchmesser unter 20 μm liegt, eine Tendenz, die sich auch bei dem unstabilisierten Titandioxid V wiederfindet. Gleichzeitig ist festzustellen, daß beginnend bei Titandioxid II über das unstabilisierte zum stabilisierten Pigment hin eine Verringerung der Gesamtteilchenzahl stattfindet. Zur Erklärung ist anzunehmen, daß neben einer Abtrennung der Agglomerate durch die Filtration der Verteilungsgrad in der Viskose ungleichmäßig ist und sich bei längeren Standzeiten durch Sedimentation ein Verteilungsspektrum ausbildet, ein Umstand, der auch mit zur Eignung für die Spinnmattierung beiträgt. In dieser Hinsicht machte der Hersteller der TiO_2-Pigmente V und VI ausdrückliche Angaben. Danach sind stabilisierte Produkte, wie sich auch aus den hier vorliegenden Messungen ergibt, in erster Linie für die Herstellung von Mattviskosen geeignet.

Damit glauben wir, die prinzipielle Möglichkeit zur Bewertung von Pigmenten durch Teilchenzählgeräte gezeigt zu haben. Selbstverständlich lassen sich durch Auflösung des Spinngutes und die Zählung der so gewonnenen Suspensionen, Aussagen über die Verteilung des Pigmentes in der Faser gewinnen.

Tabelle 7. Gelteilchenzählungen an mattierten Viskosen (Viskosen unfiltriert)

	Teilchen pro ml Viskose	
Pigment	> 15 μm	> 30 μm
ohne	2160	4560
TiO_2 II	5040	24000
TiO_2 V	4080	12480

4 Zusammenfassung

Aus den hier mitgeteilten Untersuchungen an Titandioxidpigmenten nach der chemischen Analyse, den physikalischen Eigenschaften, des Sedimentationsverhaltens und

Tabelle 8. Gelteilchenzählung an mattierten Viskosen (Viskosen filtriert)

Pigment	Teilchen pro g Viskose > 7 μm < 11 μm	> 11 μm < 20 μm	> 20 μm
TiO_2 II	19700	14600	4100
TiO_2 V (unstab.)	7700	6100	4100
TiO_2 VI (stab.)	2800	2200	2900

der Teilchengrößenverteilung, des praktischen Spinnversuches, des Benetzungsverhaltens und des elektronenoptischen Bildes ergeben sich folgende Eigenschaften, die ein für die Mattierung von Chemiefasern brauchbares Pigment aufweisen muß:

Möglichst homogener Korndurchmesser, geringe Sedimentationsneigung, gute Dispergierbarkeit, d. h. keine Neigung zur Agglomeratbildung und die weitgehende Abwesenheit von Fremdionen. Ein Pigment mit nahezu kugelförmiger Gestalt ohne rauhe, scharfkantige Oberfläche wird diesen Anforderungen am ehesten gerecht. Dies bedingt neben einer ausgesuchten Herstellungstechnologie eine spezielle Aufbereitungsweise, wie z. B. der Zusatz von stabilisierend wirkenden Substanzen oder Stellmitteln. Hierüber berichten wir in einem zweiten Teil ausführlicher.

Analoge Verhältnisse liegen auch bei der Eignungsprüfung von Buntpigmentierungen (Spinnfärben) von Chemiefasern vor. Hierüber haben unlängst *Keil* und *Popp* [22] für Viskosefeinseide berichtet. Sie kommen zu ähnlichen Auffassungen wie wir in der vorliegenden Arbeit. Über die Untersuchung von Mattierungsmitteln in Chemiefasern selbst berichtet *A. Herzog* in einer klassischen Arbeit [23]. Sie kann auch heute noch als Richtschnur für derartige Untersuchungen dienen.

Die hier vorgelegten experimentellen Ergebnisse wurden von uns in den Jahren 1956 bis 1959 im VEB Chemiefaserwerk Schwarza erhalten.

Herrn Dipl.-Phys. *Skatulla*, VEB Jenaer Glaswerke, danken wir für die Anfertigung der elektronenmikroskopischen Aufnahmen und für seine wertvollen Diskussionen hierzu, Herr Dipl.-Chem. *Schleicher*, Institut für Faserstoff-Forschung, führte Gelteilchenzählungen durch, und Herr Dipl.-Phys. *Langhammer*, VEB Keramische Werke Hermsdorf, übernahm für uns einige Messungen an der Sedimentationswaage. Beiden Genannten sei auch an dieser Stelle für ihre Bereitwilligkeit gedankt.

Die sorgfältige und unermüdliche Mithilfe bei den Untersuchungen durch unsere damalige Mitarbeiterin, Fräulein *M. Henkel*, soll auch hier anerkannt werden. Die Herren Dr. *Demus*, VEB Filmfabrik Wolfen, Dipl.-Chem. *Kartein*, VEB Chemiefaserwerk Schwarza, und Ing. *Kirst*, VEB Elektrochemisches Kombinat Bitterfeld, unterstützten mich durch Diskussionen. Der VEB Elektrochemisches Kombinat Bitterfeld und die Kronos Titangesellschaft mbH, Leverkusen, stellten uns Pigmentmuster zur Verfügung, wofür auch hier verbindlichst gedankt sei.

Schließlich gilt unser Dank dem Leiter der Forschungsstelle des VEB Chemiefaserwerkes Schwarza, Herrn Dr. *Ramm*, für die Genehmigung zur Veröffentlichung dieser Arbeiten.

Literatur

[1] *Buser, K.*, Farben, Lacke, Anstrichmittel **4** (1950) S. 418;
Korfhage, L., Fette u. Seifen **54** (1952) 6, S. 356—358;
Peter, A., Chem. Technik **14** (1962) 2, S. 103—106.

[2] FP 50950; FP 866442; FP 872772.

[3] *Wagner, E.*, und *Brümer, H.*, Angew. Chemie **72** (1960) 19/20 ,S. 744—750.

[4] USP 2508277; USP 2512079; USP 2541495.

[5] USP 2511218.

[6] *Rose, H. E.*, Chemie-Ing.-Techn. **31** (1959) 3, S. 183 bis 191.

[7] *Batel, W.*, Chemie-Ing.-Techn. **29** (1957) 9, S. 581—589.

[8] *Kirste, E.*, und *Mahl, H.*, Kolloid-Z. **164** (1959) 1, S. 3—8.

[9] *v. Eichborn, J. L.*, Kolloid-Z. **169** (1960) 1/2, S. 41—57.

[10] *Bachmann, D.*, und *Gerstenberg, H.*, Chemie-Ing.-Techn. **29** (1957) 9, S. 589—594.
Becker, H., *Rechmann, K.*, und *Tillmann, P.*, Kolloid-Z. **169** (1960) 1/2 S. 34—41.
Rechmann, H., Farbe u. Lacke **68** (1962) 1, S. 23—31.

[11] *Rammler, E.*, Forschungen u. Fortschritte **30** (1956) 1, S. 1—9.
Zehler, V., Kolloid **Z. 160** (1958) 1, S. 16—20.

[12] *Delahaye, J.*, Plaste u. Kautschuk **5** (1958) 5, S. 193.

[13] *Reeves, E. V.*, und *Crank, J.*, Svensk Papperstidn. **66** (1963) 9, S. 343—348.

[14] *Zavarsky, F.*, Papier **11** (1957) 11/12, S. 245—247.

[15] *Matthes, A.*, Chem. Technik **3** (1951) 1, S. 13—22.

[16] *Jacobsohn, A. E.*, Ind. Engng. Chem. **41** (1949) S. 523.

[17] *Enslin, O.*, Chem. Fabrik **6** (1933) S. 147;
Freundlich, H., *Schmidt, O.*, und *Lindau, G.*, Kolloid-Beih. **36** (1932) 1/3, S. 43—81;
Freundlich, H., *Enslin, O.*, und *Lindau, G.*, Kolloid-Beih. **37** (1933) 7/9, S. 242—280.

[18] *Becker, H.*, *Rechmann, H.*, und *Tillmann, P.*, Kolloid-Z. **169** (1960) 1/2, S. 34—41.

[19] *Skatulla, W.*, und *Horn, L.*, Exp. Techn. Physik **8** (1960) 1, S. 1—9.

[20] *Kohlitz, W.*, Reyon Zellw. andere Chemiefasern **30** (1952) 7, S. 343—346;
Treiber, E., Svensk Papperstidn. **61** (1958) S. 794;
Teichgräber, M., Faserforsch. u. Textiltechn. **12** (1961) 10 S. 489—491.

[21] *Parks, L. R.*, und *Jurbergs, K. A.*, J. appl. Polymer Sci. **4** (1960) 11, S. 193—199;
Kolos, F., und *Treiber, E.*, Svensk Papperstidn. **64** (1961) S. 577—588;
Kolos, F., Svensk Papperstidn. **65** (1962) 4, S. 107—117.

[22] *Keil, A.*, und *Popp, P.*, Faserforsch. u. Textiltechn. **13** (1962) 9, S. 397—405; 10, S. 454—458.

[23] *Herzog, A.*, Melliand Textilber. **18** (1937) 1, S. 77—84.

Eingegangen am 27. Januar 1964

Vergleichende Auswertung von Scheueruntersuchungen am Reibungspulsator nach der gravimetrischen und der β-Strahlenabsorptionsmethode

Wolfgang Bobeth, Gertraut Piechottka und Adolf Heger
Institut für Textiltechnik der Technischen Universität Dresden

DK 620.178.162.4:543.21:535.34:539.124

Nach kritischer Betrachtung der Wirkungsweise des Reibungspulsators wird die Gleichmäßigkeit des Scheuereffektes entlang dem Prüfstreifen nach der gravimetrischen und β-Strahlenabsorptionsmethode untersucht und diskutiert. Die Vorteile der β-Strahlenabsorptionsmethode in Verbindung mit dem Reibungspulsator werden herausgestellt.

Сравнение результатов испытаний на истирание при применении фрикционного пульсатора гравиметрическим методом и методом поглощения β-лучей

В начале статьи приводится критическое описание принципа действия фрикционного пульсатора. Исследовалась равномерность истирания вдоль образцов по гравиметрическому методу и методу поглощения β-лучей. Показаны преимущества метода поглощения β-лучей при применении фрикционного пульсатора.

Comparative Gravimetric and β-Ray Absorption Evaluation of Abrasion Tests Effected on a Pulsating Rubbing Device

A critical consideration of the manner of action of a pulsating rubbing device is followed by an investigation of the uniformity of abrasion effect all along the tested strip by gravimetric and β-ray absorption methods. The results obtained are discussed. The advantages of the β-ray absorption method in combination with the pulsating rubbing device are emphasized.

1 *Einleitung*

Neben einer Vielzahl von Scheuerprüfgeräten und -verfahren steht auch eine beachtliche Anzahl Auswertemethoden zur Beurteilung von Scheueruntersuchungen zur Verfügung. Es wird angestrebt, die Auswahl von Prüfverfahren und Auswertemethode so zu treffen, daß die Scheueruntersuchungen möglichst praxisnahe Ergebnisse liefern. Im folgenden wird eine Auswertemethode beschrieben, die mit Hilfe der β-Strahlenabsorption auf den Substanz- bzw. Flächenmasseverlust infolge Scheuerung schließen läßt, wobei auch die Gleichmäßigkeit des Abriebs über die gesamte Scheuerfläche erfaßt werden konnte. Bekanntlich muß das gleichmäßige Abscheuern der gesamten Probenfläche als grundlegendes Problem der Scheuerprüfung angesehen werden (vgl. [1, 2]). Somit kann die Strahlenabsorptionsmethode auch zur Analysierung bzw. Einschätzung der Scheuerprüfgeräte herangezogen werden. Diese Meßmethode wird im folgenden auf die Auswertung und Einschätzung von Scheueruntersuchungen am Reibungspulsator angewandt, wobei zum Vergleich auch gravimetrisch vorgegangen, Festigkeitsminderungen erfaßt und die Bewegungsverhältnisse des Reibungspulsators einer näheren Betrachtung unterzogen wurden.

2 *Betrachtungen zur Wirkungsweise des Reibungspulsators*

Die Scheuerwirkung ist u. a. von der Relativgeschwindigkeit zwischen Scheuerprobe und Scheuermittel und insbesondere von dem Anpreßdruck abhängig. Diese Einflußgrößen sollen für den Reibungspulsator einleitend einer näheren Betrachtung unterzogen werden.

2.1 *Geschwindigkeit des Scheuermittels*

Zur Ermittlung der Geschwindigkeit des Scheuermittels am Reibungspulsator[1]) (Bild 1) wurden der Kurbelkreis in zwölf gleich große Teile eingeteilt (Bild 2a) und die zu den zwölf Kurbelstellungen (0 bis 12) gehörigen Stellungen des Schwenkarmes (0′ bis 12′) entlang der Kulisse bestimmt. Die Form der Kulisse und die Lage des Kurbelkreises zur Kulisse haben zur Folge, daß zu den in gleichen Zeiten zurückgelegten konstanten Drehwinkeln α unterschiedliche Drehwinkel des Schwenkarmes ε gehören. Daher legt der Scheuerkopf unterschiedliche Wege pro Zeiteinheit (von 0″ bis 12″) zurück; er scheuert also mit veränderlicher Geschwindigkeit entlang der Probenscheuerfläche.

Im Bild 2b ist außerdem als Bewegungsdiagramm der Scheuerweg in Abhängigkeit vom Drehwinkel α bzw. von der Zeiteinheit aufgetragen. Es zeigt sich, daß beim Drehen der Kurbel vom Punkt 0 bis zum Punkt 6 ein ausgeprägtes Maximum auftritt, dem ein nahezu linearer Abfall bis zum Umkehrpunkt des Schwenkarmes folgt. Beim Rückgang des Schwenkarmes ist die Scheuergeschwindigkeit in den Mittellagen nahezu konstant und fällt zur Umkehrstelle hin ab. Die unsymmetrische Geschwindigkeitsverteilung beim Hin- und Hergang des Schwenkarmes ist auf die jeweils unterschiedliche Lage des Kurbelkreises zur Kulisse zurückzuführen. Die am untersuchten Gerät festgestellte Unsymmetrie u (unsym-

Bild 1. Reibungspulsator (Ansicht)

[1]) Die Arbeitsweise des Reibungspulsators ist in [3] und [4] beschrieben.

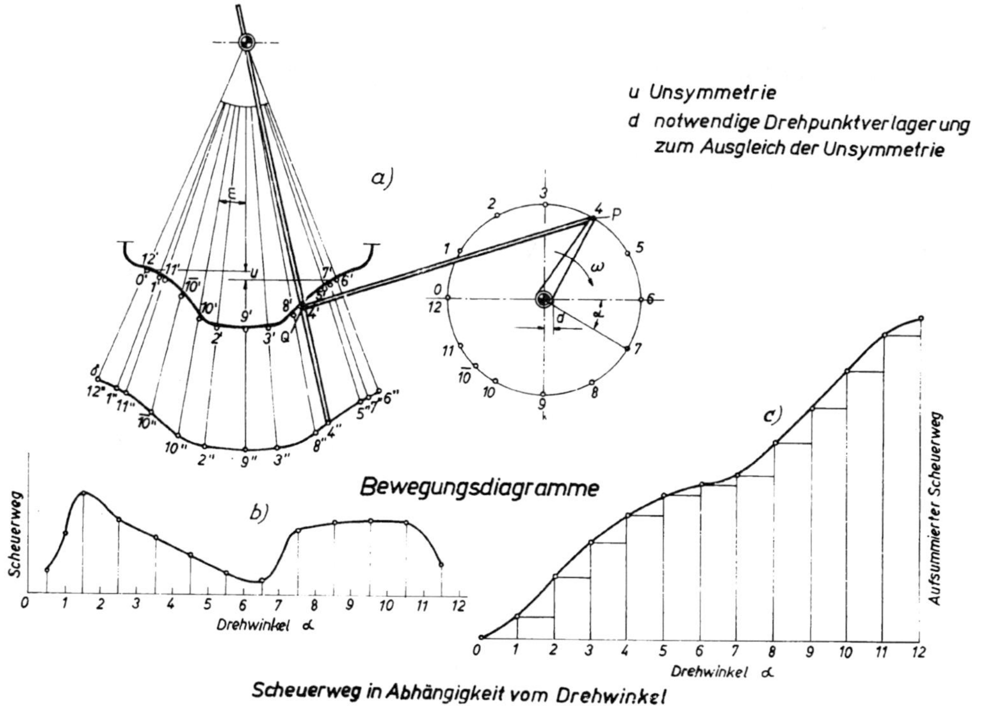

Bild 2. Bewegungsdiagramme zum Reibungspulsator

metrische Beanspruchung der Kulisse) hat einen zusätzlichen Einfluß auf die unsymmetrische Geschwindigkeitsverteilung und ließe sich durch die im Bild 2 angegebene Drehpunktverlagerung *d* beseitigen.

Weiterhin ist in Bild 2c die Summenkurve (aufsummierter Scheuerweg in Abhängigkeit vom Drehwinkel) dargestellt, die einen verhältnismäßig ausgeglichenen Verlauf zeigt.

2.2 *Kraftwirkung zwischen Scheuerprobe und Scheuermittel*

Die zwischen Scheuerprobe und Scheuermittel wirkende Druckkraft P_d entsteht als Resultierende aus den beiden jeweils in den Knickpunkten wirkenden Kräften (Bild 3), nämlich der für alle Lagen konstanten Zugkraft P_z und der zur rechten Einspannklemme hin wirkenden Reaktionskraft. Die Druckkraft ist im mittleren Kulissenbereich konstant und fällt entsprechend der Kulissenform zur rechten und linken Einspannklemme hin ab. Der Kraftabfall nach den Umkehrpunkten hin zeigt geringe Unsymmetrie, was aus der Nichtkongruenz der schraffierten Dreiecke hervorgeht und auf die einseitige Belastung (nur der linken Einspannklemme) zurückzuführen ist. Die Unsymmetrie ist jedoch sehr gering und daher ohne praktische Bedeutung.

3 *Zur Auswertung von Scheueruntersuchungen*

Da mit zunehmender Scheuerdauer und -intensität eine Veränderung des Warenbildes infolge zunehmenden Abriebes eintritt, der zugleich eine Festigkeitsminderung zur Folge hat, können zur Beurteilung der Scheuerprüfung verschiedene qualitative und quantitative Kenngrößen herangezogen werden (vgl. [4, 5, 6, 7]). Die Auswahl der Auswertungsmethode wird sich dabei in erster Linie nach der zu erwartenden Hauptbeanspruchungsart im praktischen Gebrauch richten. Textilien, die hierbei eine hohe Festigkeit aufweisen müssen, wird man an Hand der Festigkeitsminderung infolge Scheuerung oder nach der Bruchscheueranzahl beurteilen. Bei der Untersuchung von z. B. stark angerauhten Tuchen wird vorzugsweise der Masseverlust ermittelt, da ein Scheuern bis zum Sichtbarwerden der Gewebebindung mit einem verhältnismäßig starken Abrieb, aber nur geringem Festigkeitsverlust verbunden ist. Zur Bestimmung des Flächenmasseverlustes kann neben der gravimetrischen Methode auch die β-Strahlenabsorptionsmethode angewandt werden. Letztere gestattet Messungen sogar am auf dem Reibungspulsator ein-

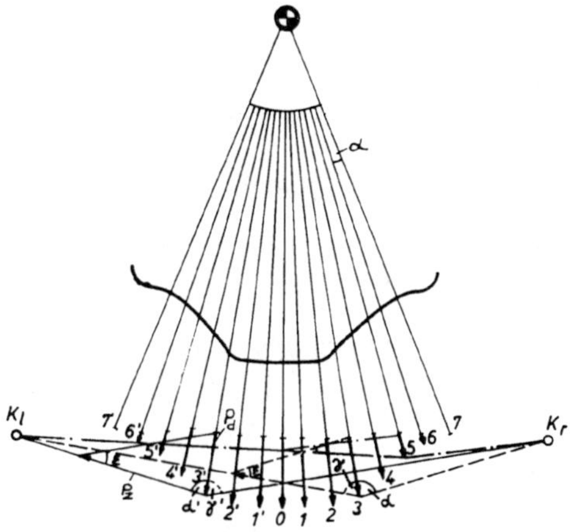

Bild 3. Kräftewirkung am Reibungspulsator

gespannten Probestreifen[2]). Dabei braucht nur die Mitte längs des Probestreifens ausgemessen zu werden, so daß evtl. herausspringende Randfäden die Messung nicht störend beeinflussen.

4 Bestimmung der Flächenmasse durch β-Strahlenabsorption

Für die Bestimmung der Flächenmasse textiler Flächengebilde aus der Absorption von β-Strahlen ist das Vorliegen einer Eich-(Absorptions-)Kurve (funktioneller Zusammenhang zwischen der hinter dem Absorber gemessenen β-Strahlenintensität und der Flächenmasse) Voraussetzung. Bekanntlich nimmt die β-Strahlenintensität beim Durchgang durch Materie gemäß

$$I = I_0 \cdot e^{-\mu \cdot d} = I_0 \cdot e^{-\mu' \cdot F}$$

ab, wobei I_0 die ursprüngliche β-Strahlenintensität (ohne Absorber), I die Intensität der Strahlung nach Durchgang durch einen Absorber der Dicke d bzw. der Flächenmasse F, μ den linearen Absorptionskoeffizienten, μ' den Massenabsorptionskoeffizienten und e die Basis der natürlichen Logarithmen bedeuten. Es sei erwähnt, daß dieses Exponentialgesetz das zufällige Ergebnis einer Kombination zweier Erscheinungen darstellt, nämlich des kontinuierlichen β-Spektrums (vgl. [8]) und des Absorptionsgesetzes monoenergetischer β-Strahlen. Im allgemeinen gilt, daß der Massenabsorptionskoeffizient μ' weitgehend unabhängig von der chemischen Natur des Absorbers ist; jedoch zeigen Halogene und Wasserstoff eine deutliche Abweichung (Bild 4), was auf die Elektronenanordnung bzw. die Elektronendichte der Atome zurückzuführen ist.

Für eine exakte Auswertung der Absorptionsmessungen zur Bestimmung der Flächenmasse textiler Flächengebilde wird es deshalb notwendig sein, Absorptionskurven für jeden Rohstoff (Faserstofftyp) aufzunehmen. Die größten Abweichungen vom zu erwartenden Verlauf werden also solche Faserstoffe zeigen, die Halogene enthalten (z. B. Piviacid, Rhovyl, Movil).

Wesentlich geringeren Einfluß auf die Absorptionseigenschaften textiler Flächengebilde hat die inhomogene Flächenmasseverteilung[3]) [10].

Für die beiden zur Untersuchung herangezogenen Gewebe (vgl. Tabelle 1) wurde die Absorptionskurve dadurch erhalten, daß man die zu der gravimetrisch erhaltenen Flächenmasse gehörende Impulsrate mittels einer speziellen Prüfeinrichtung[4]) bei konstanten geometrischen Bedingungen (Abstand zwischen Strahler und Absorber bzw. Absorber und Strahlendetektor) bestimmte. Als Radionuklid wurde ^{85}Kr verwendet ($E_{\beta\max} = 0{,}69$ MeV; Halbwertzeit = 10,27 Jahre; $E_\gamma = 0{,}14 \cdots 0{,}54$ MeV). Die Strahlung war sehr stark gebündelt, und die jeweils abgetastete Fläche des Gewebes betrug 0,8 cm². Somit können exakte Angaben über die Flächenmasseverteilung gemacht werden. Im Bild 5 ist die für beide Gewebe erhaltene Absorptionskurve wiedergegeben, wobei die Flächenmassevergrößerung durch mehrfaches Übereinanderlegen der Ausgangsprobe erhalten wurde. Aus diesem Diagramm konnten die zu den meßtechnisch bestimmten Impulsraten gehörenden Flächenmassen abgelesen werden, wobei die Ablesegenauigkeit bei der verwendeten Vorlage etwa ± 3 bis ± 4 g/m² betrug. Der prozentuale Masseverlust ergibt sich aus der Beziehung

$$MV = \frac{FM_{\text{vor}} - FM_{\text{nach}}}{FM_{\text{vor}}} \cdot 100\%;$$

dabei ist FM_{vor} die Flächenmasse des Gewebes vor dem Scheuern und FM_{nach} diejenige nach dem Scheuern.

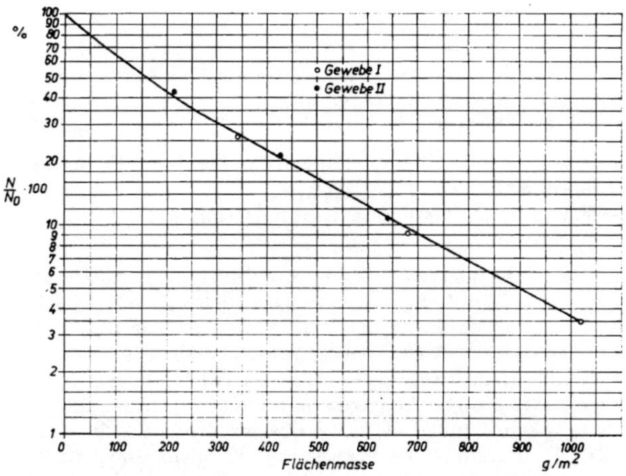

Bild 5. Absorptionskurve (Schwächung der ^{85}Kr-β-Strahlung durch Gewebe aus Cellulosefaserstoffen)

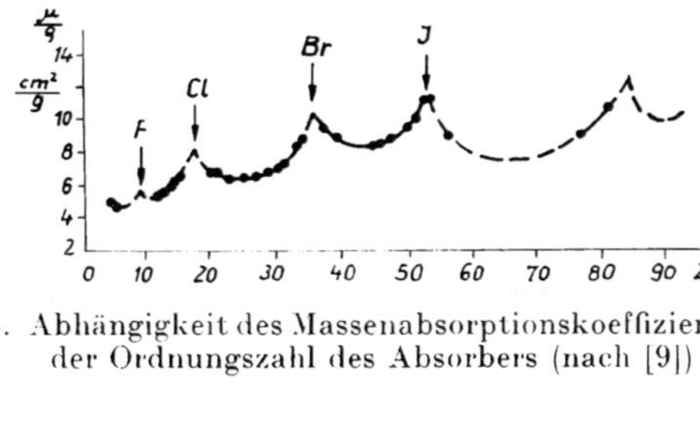

Bild 4. Abhängigkeit des Massenabsorptionskoeffizienten von der Ordnungszahl des Absorbers (nach [9])

5 Prüfmaterial, Versuchsdurchführung und Untersuchungsergebnisse

5.1 Prüfmaterial

Die Daten der untersuchten Baumwollgewebe sind in Tabelle 1 zusammengestellt.

Tabelle 1. Gewebedaten

Gewebe	Bindung	Fadenzahl/10 cm		Flächenmasse [g/m²]
		Kette	Schuß	
I		310	500	338
II	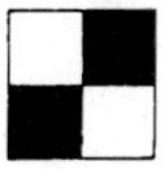	195	195	213

²) Dabei ist jedoch zu beachten, daß unmittelbar nach der Scheuerbeanspruchung (Erwärmung!) der Prüfling nicht an das Normalklima angeglichen ist.

³) Erste eigene Versuche ergaben, daß die Inhomogenität der Flächenmasse bei textilen Flächengebilden keinen erheblichen Einfluß auf die Absorptionseigenschaften gegenüber β-Strahlen hat. Das folgt auch aus vorliegenden Untersuchungen, wo sehr unterschiedliche Gewebe weitgehend gleiches Absorptionsverhalten zeigen (Bild 5).

⁴) Die Beschreibung dieses am Institut für Textiltechnik der Technischen Universität Dresden gebauten Meßbügels mit speziellem Strahlungskopf erfolgt in dieser Zeitschrift.

5.2 Versuchsdurchführung

Die vorklimatisierten Proben wurden am Reibungspulsator nach Verfahren II (vgl. [3]) im normalklimatisierten Raum mit wasserfestem Schmirgelpapier Nr. 500 bei folgenden Belastungen und Doppelscheuerhüben gescheuert:

Gewebe I bei 2,0; 4,0 und 6,0 kp Belastung mit 500 Doppelscheuerhüben
Gewebe II bei 0,4; 0,8 und 1,2 kp Belastung mit 250 Doppelscheuerhüben

Von den gescheuerten Proben wurde durch eine bestimmte Anzahl von Bürstbewegungen in zwei Richtungen der Faser- und Schmirgelstaub auf der Vorder- und Rückseite des Gewebes entfernt. Anschließend wurden die gescheuerten, nochmals klimatisierten Probestreifen (60 cm Gesamtlänge, 20 cm Scheuerlänge, 3 cm Streifenbreite) hinsichtlich Masse-, Flächenmasse- und Reißkraftverlust untersucht.

Zur Bestimmung des Masse- und Flächenmasseverlustes an verschiedenen Stellen der Scheuerfläche wurde die gescheuerte Streifenlänge in 10 gleichgroße Abschnitte eingeteilt. Die β-Absorptionsmessung erfolgte in der Mitte eines jeden Abschnittes. Anschließend wurde der Gesamtmasse- und schließlich der Teilmasseverlust von zehn zerteilten Abschnitten der Größen 2 cm × 3 cm auf gravimetrischem Wege bestimmt.

Außerdem wurde die Reißkraft der gescheuerten und ungescheuerten Proben an einem Pendel-Zugfestigkeitsprüfer von Hahn bei einer Einspannlänge von 300 mm ermittelt. Die Geschwindigkeit der ziehenden Klemme wurde in allen Fällen auf 60 s Zerreißdauer des ungescheuerten Materials eingestellt.

5.3 Bestimmung des Gesamtmasse- und Reißkraftverlustes

In den Bildern 6 und 7 sind die Gesamtmasse- und Reißkraftverluste für die untersuchten Gewebe I und II in Abhängigkeit von der Belastung dargestellt. Das Scheuerverhalten der Gewebe I und II ist sehr unterschiedlich, was insbesondere auf die verschiedenartigen Gewebebindungen sowie auf die ungleichen Fadendichten und Flächenmassen zurückzuführen ist.

Der Masseverlust von *Gewebe I* liegt bei der ersten Belastungsstufe relativ hoch und steigt mit zunehmender Belastung nur noch wenig an. Die Reißkraft nimmt zunächst etwas zu und fällt erst bei höherer Belastung deutlich ab. Der relativ hohe Scheuerabrieb bei der ersten Belastungsstufe hat also bei diesem Gewebe noch keine Festigkeitsminderung zur Folge, was darauf zurückzuführen ist, daß das eingespannte, festigkeitsbestimmende Fadensystem dem Scheuerangriff noch nicht ausgesetzt war. Der geringe Festigkeitsanstieg kann auf eine gewisse Verdichtung und Verfestigung des Gewebes infolge Zugbeanspruchung während des Scheuerns zurückgeführt werden. Die Festigkeitsminderung bei höherer Belastung ist in diesem Falle scheinbar weniger auf den eingetretenen Masseverlust als vielmehr auf zusätzliche Zug-Ermüdungsbeanspruchung und auf die stärker geschädigten Ränder des Probestreifens zurückzuführen. Für die in Bild 7 gestrichelt gezeichnete Kurve ist die nach dem Scheuern tatsächlich vorliegende, geringere Probenstreifenbreite zugrunde gelegt worden. Die Abnahme der Streifenbreite entsteht durch vorzeitiges Zerreißen und Herausspringen von Randfäden. *Gewebe II* zeigt ebenfalls einen mit der Belastung ansteigenden Masseverlust, der im Gegensatz zu Gewebe I mit einem entsprechenden Reißkraftverlust in engem Zusammenhang steht.

Diese Untersuchungsbeispiele zeigen deutlich, daß die Zusammenhänge von Masse- und Reißkraftverlust in Abhängigkeit von der Belastung sehr unterschiedlich sein können. Auf Grund solcher unterschiedlicher Aussagen verschiedener Kenngrößen zur Bewertung der Scheuerprüfung ergeben sich mitunter unterschiedliche Rangeinstufungen, was bereits von *Köb* [2] vermutet wird. In derartigen Erscheinungen ist nicht zuletzt die Problematik der Auswertung von Scheueruntersuchungen zu sehen.

5.4 Anwendung der gravimetrischen und der β-Absorptionsmeßmethode zur Bestimmung des Masse- und Flächenmasseverlustes

Beim Vergleich der gravimetrischen und der β-Absorptions-Auswertemethode stand vor allem die Gleichmäßigkeit des Abriebes auf der ganzen Scheuerfläche im Vordergrund des Interesses. In den Bildern 8 bis 10 sind die Masse- und Flächenmasseverluste über der Prüfstreifenlänge für drei Belastungen aufgetragen. Der etwas unsymmetrische Verlauf der ermittelten Masseverlust- und Flächenmasseverlust-Kennlinien kann an Hand der eingangs besprochenen Wirkungsweise des Reibungspulsators erklärt werden. Auf Grund der größeren Druckkraft im mittleren Kulissenbereich (vgl. Druckkraftverlauf in Bild 3) tritt in diesem Abschnitt (der infolge Drehung der linken Einspannvorrichtung zur Kompen-

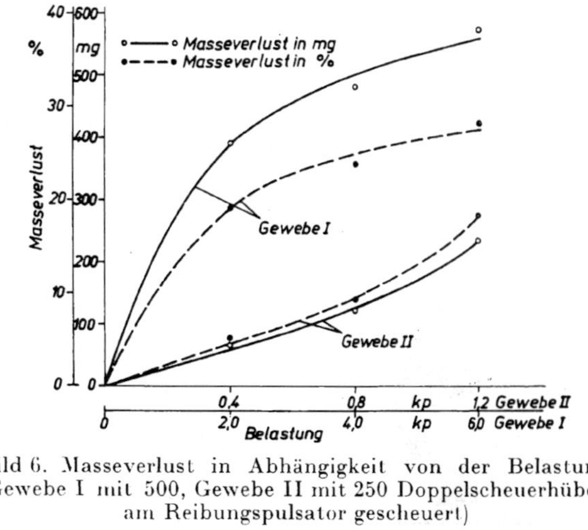

Bild 6. Masseverlust in Abhängigkeit von der Belastung (Gewebe I mit 500, Gewebe II mit 250 Doppelscheuerhüben am Reibungspulsator gescheuert)

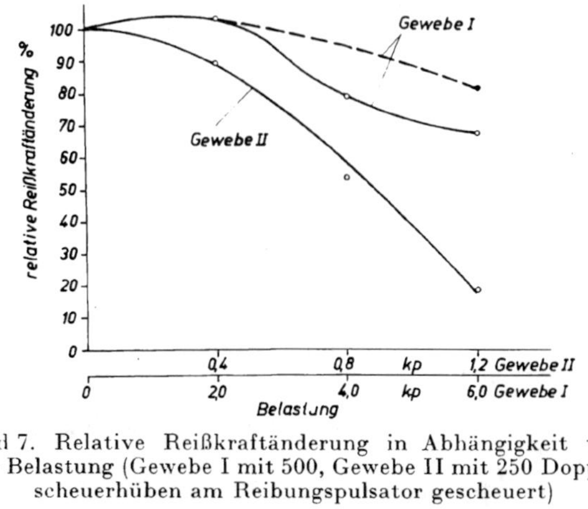

Bild 7. Relative Reißkraftänderung in Abhängigkeit von der Belastung (Gewebe I mit 500, Gewebe II mit 250 Doppelscheuerhüben am Reibungspulsator gescheuert)

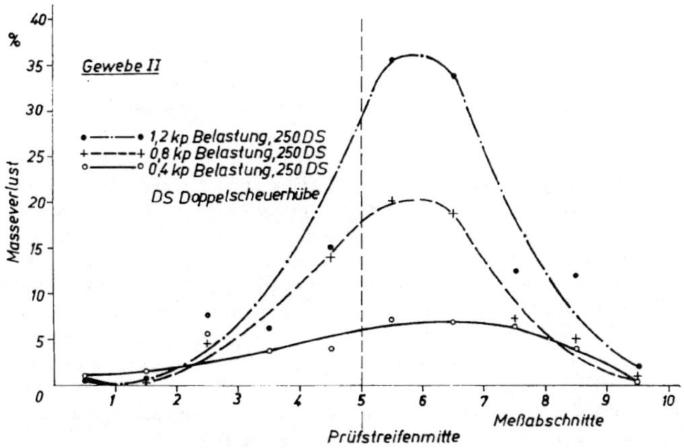

Bild 8. Prozentualer Masseverlust von 2 cm langen Teillängen eines am Reibungspulsator mit verschiedenen Belastungen gescheuerten Prüfstreifens (Gewebe II; gravimetrische Methode)

sation der auftretenden Dehnung nicht mit der Prüfstreifenmitte zusammenfällt) auch ein größerer Masseverlust ein, der zur rechten und linken Einspannklemme hin abnimmt. Die geringere Scheuergeschwindigkeit an den Umkehrstellen des Schwenkarmes bzw. Scheuerkopfes dürfte hierbei sogar noch einen gewissen Ausgleich bewirken, da eine geringere Geschwindigkeit einen größeren Masseverlust zur Folge haben soll (nach [5] nimmt der Masseverlust mit zunehmender Geschwindigkeit ab und steigt erst bei relativ hoher Geschwindigkeit wieder etwas an). Die dargestellten Masseverlustkurven zeigen für alle Belastungsstufen auf der rechten Seite einen etwas größeren Masseverlust, was u. a. auf die unsymmetrische Geschwindigkeitsverteilung (vgl. Bild 2) zurückzuführen ist. Der Geschwindigkeitseinfluß wird allerdings bei der Prüfmethode II durch den Einfluß der drehbar gelagerten linken Einspannvorrichtung überlagert, der bei den bisherigen Betrachtungen unberücksichtigt geblieben ist.

5.4.1 Ergebnisse der gravimetrischen Methode

Bild 8 zeigt ferner, daß die Ungleichmäßigkeit des Abriebes (Masseverlust in Prozent der ungescheuerten Flächenmasse) mit zunehmender Belastung größer wird. Bei geringer Belastung ist der Scheuerabrieb über der Probenlänge relativ gleichmäßig, während sich bei steigender Belastung ein ausgeprägtes Maximum ausbildet. An dieser Stelle weist die Probe bereits beginnende Lochbildung auf. Für alle Kurven zeigt sich eine Verschiebung des Maximums nach rechts in Bezug auf die Prüfstreifenmitte, die von Einspannklemme zu Einspannklemme gemessen wird. Diese Verschiebung gegenüber dem Drehpunkt des Schwenkarmes und Scheuerkopfes entsteht dadurch, daß sich der linke Klemmpunkt durch Drehung der Einspannvorrichtung (unter Wirkung einer Vorlast und einseitiger Sperrung durch Sperrklinken) bei Dehnung des Probestreifens nach links verlagert, während die rechte Einspannklemme ortsfest bleibt.

5.4.2 Ergebnisse der β-Absorptionsmethode

In Bild 9 ist der prozentuale Masseverlust und die absolute Flächenmasseänderung über der Probenstreifenlänge für *Gewebe II* dargestellt. Der Verlauf die-

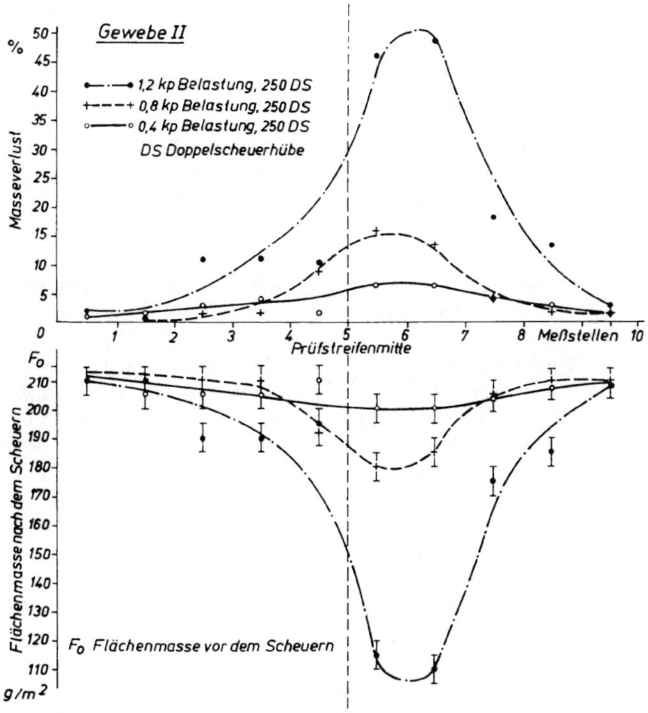

Bild 9. Prozentualer Masseverlust und Flächenmasseänderung eines am Reibungspulsator mit verschiedenen Belastungen gescheuerten Prüfstreifens (Gewebe II, β-Absorptions-Methode)

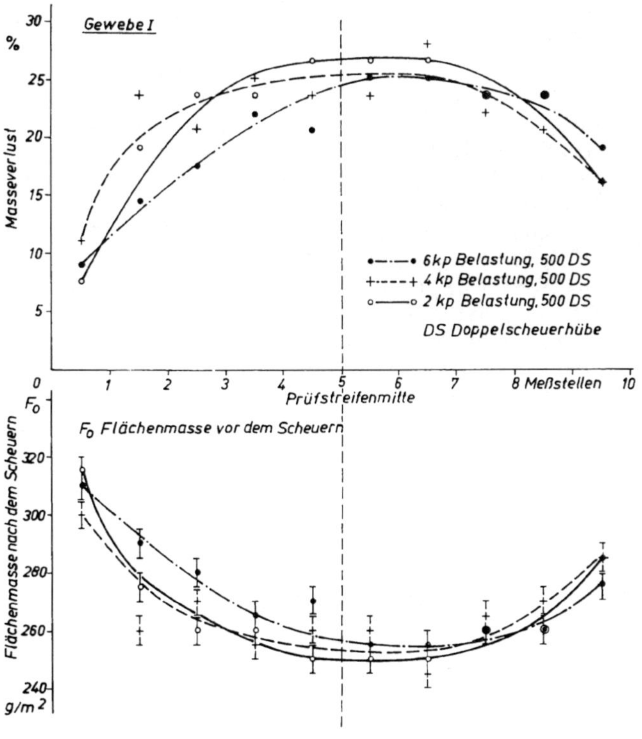

Bild 10. Prozentualer Masseverlust und Flächenmasseänderung eines am Reibungspulsator mit verschiedenen Belastungen gescheuerten Prüfstreifens (Gewebe I, β-Absorptions-Methode)

ser nach der β-Absorptionsmethode ermittelten Kurven stimmt für alle Belastungsstufen auffallend gut mit den Ergebnissen der gravimetrischen Methode überein (vgl. Bild 9 mit Bild 8). Der Unterschied in den Absolutwerten des Masseverlustes erklärt sich daraus, daß mit Hilfe der β-Absorptionsmethode nur die Mitte längs des Probestreifens gemessen wurde, während die gravimetrische Methode auch den gegenüber der Prüfstreifenmitte unterschiedlichen Masseverlust der gesamten Probenbreite erfaßt. Bei der Auswertung nach der β-Absorptionsmethode kann also der Randeffekt, der auch bei der praktischen Beanspruchung nicht auftritt, ausgeschaltet werden.

Bild 10 zeigt die entsprechenden Kurven für *Gewebe I.* Der Verlauf der drei dargestellten Kurven ist nahezu identisch, d. h., die Belastung hat bei diesem Gewebe nur geringen und keinen eindeutigen Einfluß auf den Scheuerabrieb längs des gesamten Probestreifens. Die nach der gravimetrischen Methode erhaltene Kurve für den Gesamtmasseverlust in Bild 6 läßt dagegen einen geringen Zuwachs des Abriebes bei steigender Belastung erkennen. Dieser Unterschied erklärt sich aus den größeren „Randverlusten", die bei der β-Absorptionsmethode nicht erfaßt wurden. Weiterhin zeigt der Kurvenverlauf für Gewebe I im Vergleich zu Gewebe II einen gleichmäßigeren Scheuerabrieb längs des Probestreifens, was auch der größeren Scheuerwiderstandsfähigkeit dieses Gewebes entspricht.

6 *Folgerungen*

Die eingangs angestellten Betrachtungen zur Wirkungsweise des Reibungspulsators ließen kein gleichmäßiges Abscheuern der Prüffläche erwarten, was durch die praktischen Untersuchungsergebnisse bestätigt wurde.

Die vom Material und der Belastungshöhe abhängige Ungleichmäßigkeit des Abriebes ist also am Reibungspulsator geräte- bzw. verfahrensbedingt und subjektiv nicht beeinflußbar. Die Verteilung des Masseverlustes müßte daher für alle Reibungspulsatoren — eine exakte Herstellung des Gerätes vorausgesetzt — gleich und reproduzierbar sein. Es ergibt sich damit die Möglichkeit, weitgehend kontinuierlich die Verteilung des Scheuerabriebes längs des Probestreifens am Reibungspulsator zu erfassen und für die Beurteilung des Prüflings zu nutzen. So kann z. B. der gesamte Verlauf der Masseverlustkurve oder die Höhe des Maximums neben dem durchschnittlichen Masseverlust zur Kennzeichnung der Scheuerwiderstandsfähigkeit des Materials herangezogen werden. Mit der β-Absorptionsmethode können diese Untersuchungen außerdem relativ schnell durchgeführt werden.

7 *Zusammenfassung*

Ausgehend von Betrachtungen über die Wirkungsweise des Reibungspulsators wurde der Scheuerabrieb an verschiedenen Stellen der Scheuerfläche (entlang der Prüfstreifenlänge) von zwei verschiedenartigen Geweben bei jeweils drei Belastungsstufen nach der gravimetrischen und/oder β-Strahlenabsorptionsmethode bestimmt. Es ergab sich eine gute Übereinstimmung der Untersuchungsergebnisse beider Methoden. Somit kann die β-Strahlenabsorptionsmethode zur Auswertung von Scheueruntersuchungen eingeführt werden. Sie eignet sich besonders gut zur Auswertung der Scheueruntersuchungen am Reibungspulsator, da hier die Messungen auch direkt an der im Gerät eingespannten Probe — auch nach verschiedenen Scheuerstufen — vorgenommen werden können. Da diese Methode zerstörungsfrei arbeitet, steht die Prüfprobe für weitere Untersuchungen zur Auswertung von Scheuerprüfungen zur Verfügung.

7 *Literatur*

[1] *Schiefer, H. F.*, Textile Forschung und Prüfung am National Bureau of Standards Washington. Textil-Praxis **6** (1951) S. 248—254.

[2] *Köb, H.*, Fortschritte der Scheuerprüfung. Melliand Textilber. **32** (1951) S. 119—124.

[3] *Bobeth, W.*, Ein neuer Scheuerfestigkeitsprüfer (Reibungspulsator) und seine Anwendung. Faserforsch. u. Textiltechn. **7** (1956) S. 63—73.

[4] *Bobeth, W.*, und *Piechottka, G.*, Über Scheueruntersuchungen an Teppichen und Filzen mit dem Reibungspulsator. Dt. Textiltechn. **12** (1962) S. 380 bis 385.

[5] *Schickhardt, O.*, und *Strecker, F.*, Untersuchungen zur Scheuerprüfung an Textilien. Textil-Praxis **13** (1958) S. 572—577, 741—744, 830—834, 916—920.

[6] *Sommer, H.*, und *Winkler, F.*, Prüfung der Gebrauchseigenschaften. Beitrag in: Handbuch der Werkstoffprüfung, Bd. V. Die Prüfung der Textilien. Hrsg. von *H. Sommer* unter Mitwirkung von *F. Winkler*. Berlin/Göttingen/Heidelberg: Springer 1960. S. 1090—1096.

[7] TGL 0—53863, Blatt 1, Scheuerprüfungen von textilen Flächengebilden, verbindlich ab 1. 2. 1963.

[8] *Heger, A.*, Die Anwendung von radioaktiven Strahlenquellen in der Textilindustrie. Teil I. Grundlagen, Meßgeräte und Meßverfahren. Faserforsch. u. Textiltechn. **13** (1962) S. 183—193.

[9] *Baranow, W. I.*, Radiometrie. Leipzig: B. G. Teubner 1959.

[10] *Heger, A.*, Ein Verfahren zur Auswertung von Scheueruntersuchungen an textilen Flächengebilden durch β-Strahlenabsorption. Faserforsch. u. Textiltechn. **15** (1964) 3, S. 126—127.

Eingegangen am 28. Januar 1964

Die Belastung der Breithalter während des Webprozesses

Harald Perner, Peter Sonntag und Ulrich Mieck
Institut für Textiltechnik der Technischen Universität Dresden

DK 677.024:677.058.3

Mit Hilfe einer Dehnmeßstreifen-Anlage werden die am Breithalter eines Spulenschützen-Webautomaten wirkenden Kräfte gemessen. Der Aufbau und die Eigenschaften des Meßwertgebers sind Gegenstand eingehender Betrachtungen. Die erhaltenen Oszillogramme werden erläutert.

Нагрузка расправителей в ткацком процессе

При помощи системы преобразователей были измерены действующие на расправителе автоматического ткацкого станка усилия. Подробно описаны конструкция и свойства датчика. В заключение приводится интерпретация полученных осциллограмм.

The Stressing of Temples in the Weaving Process

The forces acting on the temples of an automatic bobbin shuttle weaving machine are measured by a strain gage device. Design and Properties of the data delivery unit are considered in detail. The oscillograms are interpreted.

1 Einleitung

Der Breithalter ist nur scheinbar ein untergeordneter Teil der Webmaschine. Von seiner einwandfreien Funktion hängt der störungsfreie Ablauf des Webprozesses in hohem Maße ab. Bei der Herstellung von Geweben aus elastischen Schußgarnen, was überwiegend der Fall ist, verursacht der Ausfall der Breithalterfunktion ein Erliegen des Webprozesses bereits nach wenigen Schußeintragungen durch Kettfadenbruchhäufungen in den Leisten- und Randzonen des Gewebes.

Die Breithalter haben die Aufgabe, die bei der Eintragung elastischer Schußgarne unvermeidliche Querkontraktion des entstehenden Gewebes hinauszuzögern, so daß diese Kontraktion nicht schon am Webeblatt, sondern erst hinter den Breithaltern wirksam wird. An dieser Stelle kann die Kontraktion dann keinen negativen Einfluß auf den Webvorgang mehr ausüben.

Wird die Kontraktion am Webeblatt nicht verhindert, so nehmen die Randkettfäden eine schräge Laufrichtung an. Dadurch entstehen infolge der Kettfadenzugkraft Kraftkomponenten in diesen Fäden, die gegen die Blattstäbe des Webeblattes gerichtet sind. Auf diese Weise entsteht eine hohe Scheuerbeanspruchung dieser Kettfäden seitens der Blattstäbe, was in kurzer Zeit zur Zerstörung des Kettfadens führt.

Da die Breithalter die Gewebekontraktion vorübergehend verhindern sollen, müssen sie eine in Schußrichtung wirkende Kraft ausüben, die der Kontraktionskraft stets das Gleichgewicht hält. Die Krafteinleitung in das Gewebe geschieht mit Hilfe von Nadeln, die in drehbare Ringe eingesetzt sind, da das Gewebe nicht nur breitgehalten, sondern auch abgezogen werden muß.

Für die optimale konstruktive Gestaltung der Breithalter interessiert die Kenntnis über die wirkenden Kräfte, und zwar nach Größe, Richtung und zeitlichem Verlauf. Für die technologische Funktion der Breithalter sind in erster Linie die in der Schußrichtung des Gewebes wirkenden Kräfte, also die Kräfte in Richtung der Breithalterachse, von Interesse. Diese Kräfte lassen sich aber allein auf einfache Weise nicht messen. Deshalb wurde die resultierende Kraft gemessen, die sich aus der in Achsrichtung des Breithalters wirkenden Kraft und der in Richtung des Kettfadenlaufes wirkenden Kraft im Gewebe zusammensetzt.

2 Meßwertgeber

Bei der zu messenden Kraft handelt es sich um ein kurzzeitig veränderliches Merkmal. Deshalb kam nur eine elektrisch wirkende Meßeinrichtung in Betracht.

Der zu untersuchende Breithalter wurde an einem biegsamen Metallstab mit daran befestigten Dehnmeßstreifen angebracht, und das auf die Einspannstelle wirkende Dreh-

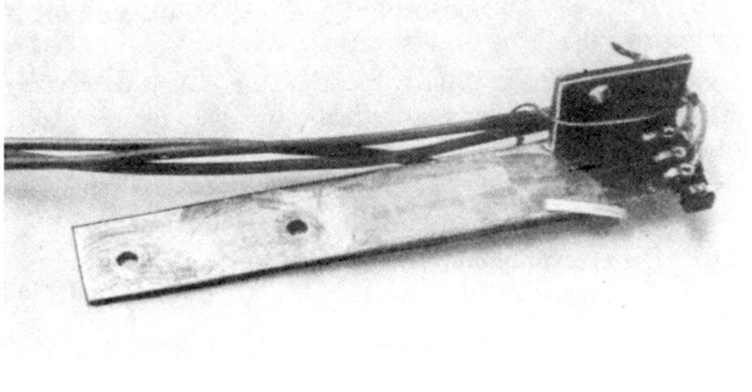

Bild 1. Meßwertgeber

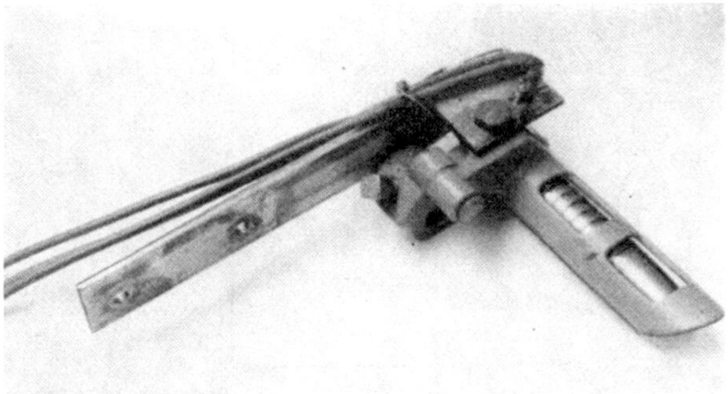

Bild 2. Breithalter am Meßwertgeber befestigt

Bild 3. Meßwertgeber mit Breithalter in einen Spulenschützen-Webautomat, Modell 4200, eingesetzt

moment wurde registriert. Daraus konnte durch entsprechende Eichung auf den Kraftverlauf geschlossen werden. Bilder 1 bis 3 zeigen die Versuchsanordnung.

Beim Einsetzen des Meßwertgebers in den Webautomat wurde darauf geachtet, daß der Breithalter seine normale Lage einnahm. Gemessen wurde mit der Dehnmeßstreifen-Anlage 4 D 3 von Thalheim. Die Abmessungen des Biegestabes sind so festgelegt worden, daß noch ein Ausschlag bei $^1/_{50}$ des für Vollausschlag erforderlichen Drehmomentes erzielt wird.

2.1 Statisches Verhalten

Das statische Verhalten wurde mit Hilfe der Eichung des Meßwertgebers durch Aufbringen bekannter Kräfte untersucht. Dadurch entstand das Eichdiagramm, Bild 4. Die Meßwerte sind bei zunehmender und abnehmender Belastung erhalten worden. Aus dem Verlauf ist zu erkennen, daß der Meßwertgeber im Beanspruchungsbereich praktisch ohne Hysteresis arbeitet. Die Eichung geschah ohne eingespanntes Gewebe, da dieses infolge der Reibung keine fehlerfreie Be- und Entlastung gestattete. Während des Webprozesses wird diese Reibung durch Erschütterung, Blattanschlag und Gewebetransport mit hoher Wahrscheinlichkeit aufgehoben, so daß die Gültigkeit der statischen Eichung als bestehend angenommen werden kann.

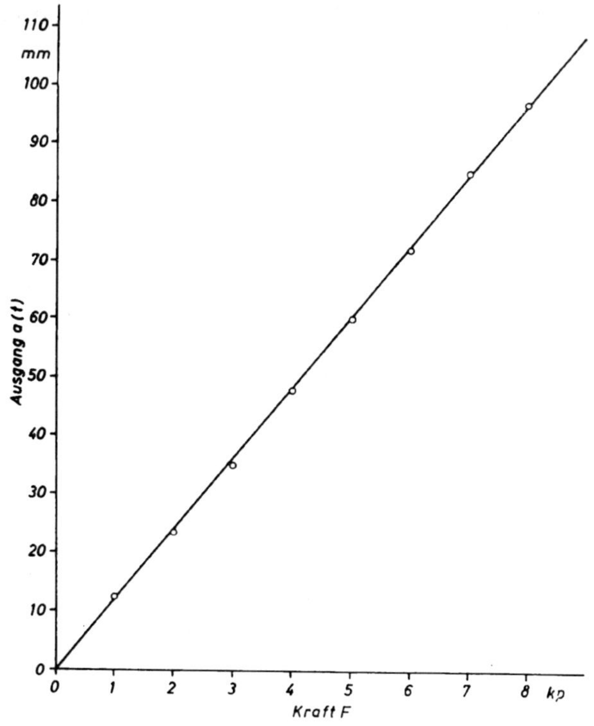

Bild 4. Eichdiagramm

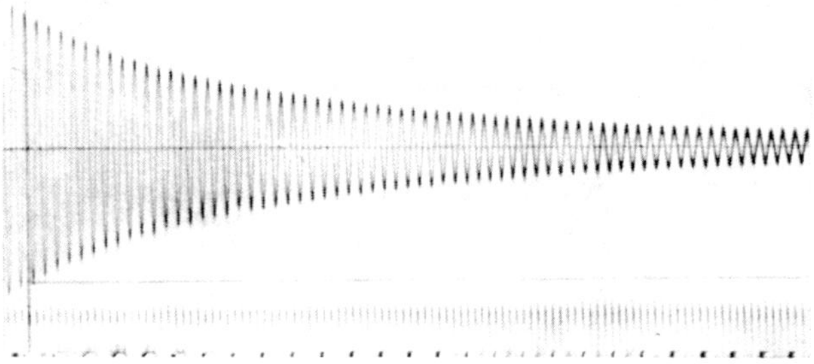

2.2 Dynamisches Verhalten

Der Meßwertgeber wurde durch eine Erregung $e(t)$ in Schwingungen versetzt und der Ausgang $a(t)$ registriert. Dabei resultierte als Ausgang eine gedämpfte Sinusschwingung, Bilder 5 und 6.

Systeme, die nach einer sprungförmigen Änderung der Eingangsgröße eine Ausgangsgröße in Form gedämpfter Sinusschwingungen haben, werden als Übertragungsglied mit Verzögerung 1. Ordnung und zusätzlicher Massenwirkung oder als Schwingglied bezeichnet.

Die Differentialgleichung nach der mechanischen Ersatzanordnung, Bild 7, lautet [1]:

$$m \frac{d^2 a(t)}{dt^2} + d \frac{da(t)}{dt} + c \cdot a(t) = e(t). \qquad (1)$$

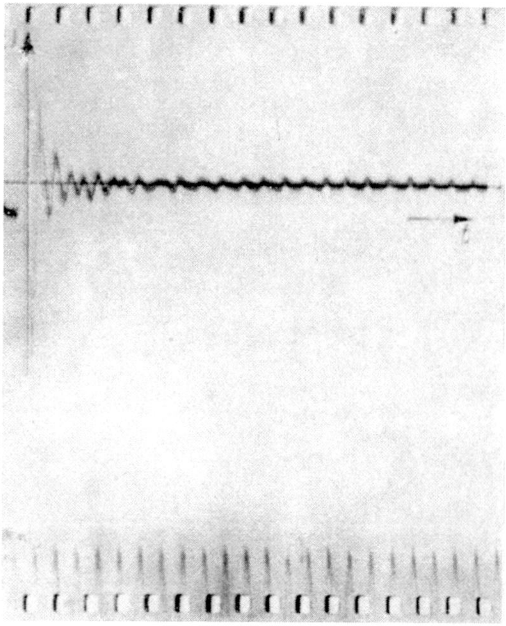

Bild 6. Schwingungen des Meßwertgebers mit eingespanntem Gewebe

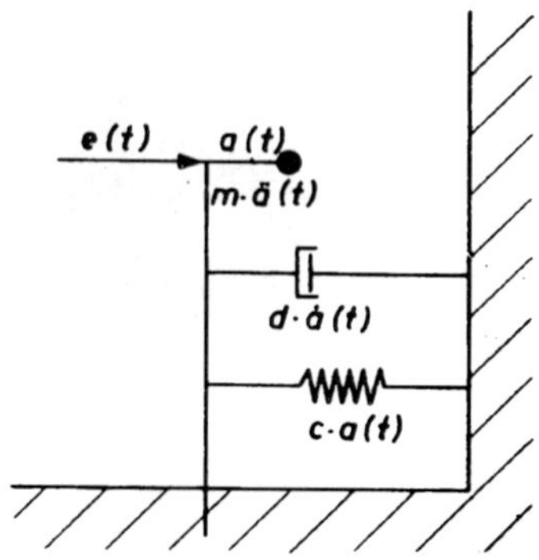

Bild 7. Mechanische Ersatzanordnung

Darin bedeuten:

m Masse des Meßwertgebers,
d Dämpfung des Meßwertgebers,
c Federkonstante des Meßwertgebers.

Setzt man mit den Zeitkonstanten τ_1 und τ_2

$$\frac{m}{c} = \tau_1 \cdot \tau_2 \quad \text{und} \quad \frac{d}{c} = \tau_1,$$

so folgt:

$$\tau_1 \cdot \tau_2 \frac{d^2 a(t)}{dt^2} + \tau_1 \frac{d a(t)}{dt} + a(t) = e(t). \tag{2}$$

Als Wurzeln der charakteristischen Gleichung ergeben sich:

$$\lambda_1 = -\frac{1}{2 \cdot \tau_2} + \sqrt{\frac{1}{4 \cdot \tau_2^2} - \frac{1}{\tau_1 \cdot \tau_2}};$$

$$\lambda_2 = -\frac{1}{2 \cdot \tau_2} - \sqrt{\frac{1}{4 \cdot \tau_2^2} - \frac{1}{\tau_1 \cdot \tau_2}}.$$

Für genügend kleines τ_1 werden die Wurzeln imaginär, und es ergibt sich:

$$\lambda_1 = -\delta_0 + j\omega_0,$$
$$\lambda_2 = -\delta_0 - j\omega_0.$$

Durch Integration der Gleichung (2) erhält man den zeitlichen Verlauf von $a(t)$:

$$a(t) = 1 - e^{-\delta_0 \cdot t} \sqrt{1 + \left(\frac{\delta_0}{\omega_0}\right)^2} \cos(\omega_0 \cdot t - \varphi),$$

wobei

$$\varphi = \text{arc tan} \frac{\delta_0}{\omega_0}$$

ist.

Aus den Übergangsfunktionen, die in den Bildern 5 und 6 zu sehen sind, können die Zeitkonstanten ermittelt werden.

Es gilt:

$$|\ln a(t)_{K+1}| - |\ln a(t)_K| = \frac{\delta_0 \cdot \pi}{\omega_0} = \frac{\pi}{2 \cdot \tau_2 \cdot \omega_0}.$$

Aus dem Original zu Bild 5 konnte ermittelt werden:

$$a(t)_{K+1} = 20{,}0 \text{ mm},$$
$$a(t)_K = 19{,}5 \text{ mm},$$
$$T = 0{,}04 \text{ s}.$$

Damit:

$$\omega_0 = \frac{2 \cdot \pi}{T} = \frac{6{,}28}{0{,}04 \text{ s}} = 157 \text{ s}^{-1},$$

$$|\ln 2{,}00| - |\ln 1{,}95| = \frac{\pi}{2 \cdot \tau_2 \cdot 157 \text{ s}^{-1}},$$

$$0{,}693 - 0{,}668 = 0{,}025 = \frac{\pi}{2 \cdot \tau_2 \cdot 157 \text{ s}^{-1}},$$

$$\tau_2 = \frac{\pi}{2 \cdot 0{,}025 \cdot 157 \text{ s}^{-1}},$$

$$\tau_2 = 0{,}4 \text{ s}.$$

Ferner gilt:

$$j\omega_0 = j\sqrt{\frac{1}{\tau_1 \cdot \tau_2} - \frac{1}{4 \cdot \tau_2^2}},$$

$$\omega_0^2 = \frac{1}{\tau_1 \cdot \tau_2} - \frac{1}{4 \cdot \tau_2^2},$$

$$\tau_1 = \frac{4 \cdot \tau_2}{4 \cdot \tau_2^2 \cdot \omega_0^2 + 1},$$

$$\tau_1 = \frac{4 \cdot 0{,}4 \, s}{4 \cdot 0{,}4^2 \, s^2 \cdot 157^2 \, s^{-2} + 1},$$

$$\tau_1 = 10^{-4} \, s.$$

Für den Schwingungsvorgang nach Bild 6 ergibt sich nach analoger Rechnung:

$$\tau_2 = 9{,}7 \cdot 10^{-3} s,$$
$$\tau_1 = 4{,}7 \cdot 10^{-4} \, s.$$

Die Differentialgleichung (2) für den Meßwertgeber lautet demnach:

ohne eingespanntes Gewebe:

$$4 \cdot 10^{-5} \, s^2 \frac{d^2 a(t)}{dt^2} + 10^{-4} \, s \frac{d a(t)}{dt} + a(t) = 1;$$

mit eingespanntem Gewebe:

$$4{,}6 \cdot 10^{-6} \, s^2 \frac{d^2 a(t)}{dt^2} + 4{,}7 \cdot 10^{-4} \, s \frac{d a(t)}{dt} + a(t) = 1.$$

Zur Berechnung der Übertragungsfunktion wird die Zeitfunktion nach Gleichung (2) zuerst mit Hilfe der *Laplace*-Transformation in eine algebraische Funktion, die Bildfunktion, überführt:

$$A(s) = \frac{E(s)}{\tau_1 \cdot \tau_2 \cdot s^2 + \tau_1 \cdot s + 1}.$$

Dann ergibt sich die Übertragungsfunktion zu:

$$H(s) = \frac{A(s)}{E(s)} = \frac{1}{\tau_1 \cdot \tau_2 \cdot s^2 + \tau_1 \cdot s + 1}.$$

Aus der Übertragungsfunktion ergibt sich der Frequenzgang, indem

$$s = j\omega$$

als rein imaginäre Frequenz gesetzt wird:

$$H(j\omega) = \frac{1}{\tau_1 \cdot \tau_2 (j\omega)^2 + \tau_1 \cdot j\omega + 1}$$

bzw.

$$|H(j\omega)| = \frac{1}{\sqrt{(1 - \tau_1 \cdot \tau_2 \cdot \omega^2)^2 + (\tau_1 \cdot \omega)^2}}.$$

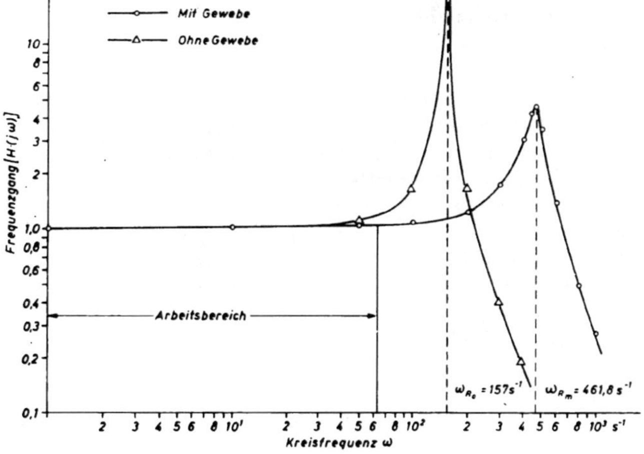

Bild 8. Frequenzgang

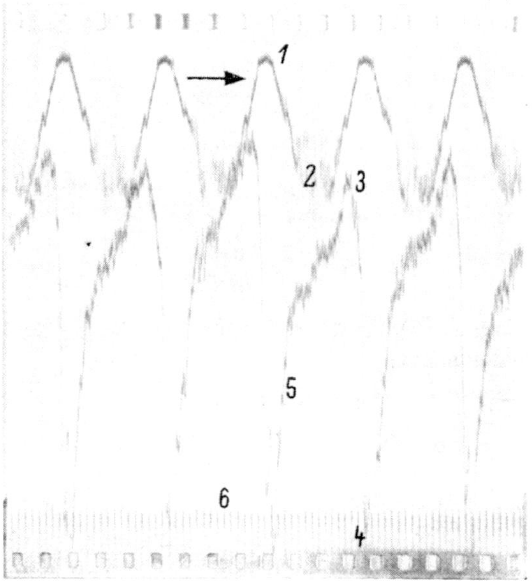

Bild 9. Verlauf der auf den Breithalter wirkenden Kraft mit Markierung des Ladenweges

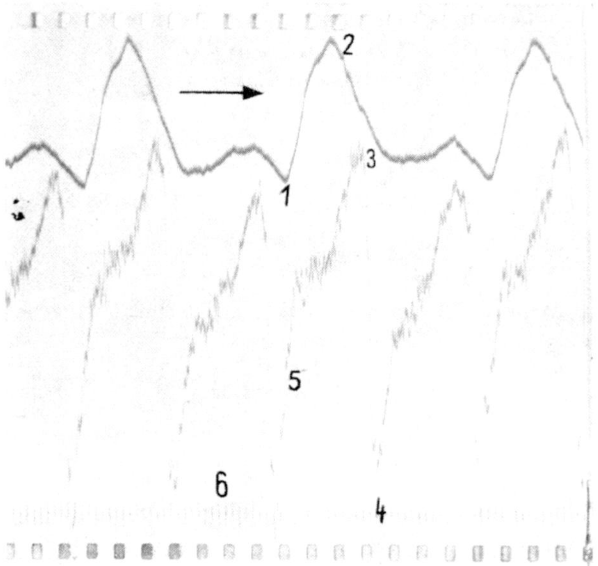

Bild 10. Verlauf der auf den Breithalter wirkenden Kraft mit Markierung der Pickerbewegung

Die Werte von H und ω werden im logarithmischen Maßstab aufgetragen, Bild 8.

Nach Bild 8 kann der Arbeitsbereich des Meßwertgebers festgelegt werden. Wird z. B. eine Genauigkeit der Meßwertanzeige von 3% verlangt, so liegt der Arbeitsbereich im Intervall $0 \leqq f_{gr} \leqq 10$ Hz, wobei f_{gr} die Grenzfrequenz für die vorgegebene Meßgenauigkeit ist.

3 *Versuchsergebnisse*

Die Untersuchungen wurden an einem Spulenschützen-Webautomat, Modell 4200, durchgeführt. Die Nennbreite war 1000 mm und die Umlauffrequenz während der Versuche 210 U/min.

Bilder 9 und 10 zeigen Ausschnitte aus aufgenommenen Oszillogrammen. Der eingezeichnete Pfeil gibt die Schreibrichtung der Kurvenzüge an. Vor der Auswertung der Kraftverläufe müssen erst die Frequenzen abgeschätzt werden, innerhalb derer die Meßwerteingänge bzw. Störungen (Kurvenzug in der Mitte) erfolgen.

Die Frequenz der Meßwerteingänge liegt bei 5 bis 6 Hz. Nach Bild 8 erfolgte die Messung somit im Arbeitsbereich des Meßgebers.

In Bild 9 bedeutet die obere Kurve den Ladenweg. Die Stelle 1 bezeichnet einen Ladenanschlag, die Stelle 2 eine hintere Totpunktlage der Lade. Die mittlere Kurve zeigt die auf den Breithalter wirkende Kraft. Die Stelle 3 gibt ein Maximum und die Stelle 4 ein Minimum dieser Kraft an. Stelle 5 zeigt den kurzzeitigen steilen Kraftanstieg, wenn die Lade die Anschlagstellung verläßt und nach hinten schwingt. Die während des Ladenanschlages erfolgte Entlastung des Breithalters wird dann aufgehoben, und die Belastung steigt rasch auf einen Maximalwert an, der erreicht wird, nachdem die Lade die hintere Totpunktlage durchlaufen hat und bereits wieder nach vorn geht. Beim nächsten Ladenanschlag sinkt die Kraft vom Maximalwert wieder auf den Minimalwert ab, weil die Kontraktionskraft des Gewebes in diesem Moment vom Webeblatt aufgenommen wird.

Die wechselnde Höhe der Maxima 3 konnte auf unterschiedlichen Schaftsprung des leinwandbindigen Gewebes zurückgeführt werden.

Diese Tendenz ist auch im Bild 10 gut zu erkennen. Dort stellt die obere Kurve den Pickerweg dar. Hier zeigt Stelle 1 einen Schlagbeginn und Stelle 2 das Ende einer Pickerbewegung. Die übrigen Stellen sind wie in Bild 9 numeriert.

Die Stelle 6 kennzeichnet jeweils die Zeitmarkierung von 50 Hz.

Die Kraftwerte lagen im Mittel zwischen 1,70 und 6,85 kp bei den kleinen Kraftspitzen (Kraftzunahme 5,15 kp) und zwischen 0,65 und 7,90 kp bei den großen Kraftspitzen (Kraftzunahme 7,25 kp).

4 *Zusammenfassung*

Die auf den Breithalter wirkende Kraft wurde gemessen. Es zeigte sich, daß diese Kraft eine periodische Funktion ist, die von der Stellung der wichtigsten Webmaschinenteile abhängt und beachtliche kurzzeitige Schwankungen ausführt. Die Größe der Kraft hängt zum Teil auch vom Schaftsprung ab und änderte sich an der untersuchten Webmaschine zwischen 0,65 und 7,90 kp.

Literatur

[1] *Kindler, H.*, Grundlagen der Regelungstechnik. 1. Lehrbrief, S. *54—57*, Technische Universität Dresden.

Eingegangen am 3. Februar 1964

Gesamt-Textiltechnische Tagung 1963 in Leipzig

DK 061.3.055.1(430.2—2.7):677

In der Zeit vom 14. bis 16. November 1963 fand in Leipzig die Gesamt-Textiltechnische Tagung des Fachverbandes „Textil-Bekleidung-Leder" der Kammer der Technik statt, die sich wiederum starker Beachtung der Fachkollegen des In- und Auslandes erfreute. Nach einer wissenschaftlichen Gesamttagung am 14. 11. wurden am 15. 11. die Gruppentagungen durchgeführt, denen am 16. 11. die Kolloquien der einzelnen Fachsparten folgten.

Nach der Eröffnung der Tagung und Begrüßung der Anwesenden durch den Vorsitzenden des Vorstandes des Fachverbandes „Textil-Bekleidung-Leder", Prof. Dr.-Ing. habil. *W. Bobeth*, wurden Mitarbeiter des Fachverbandes, die sich um die Mitarbeit im Fachverband verdient gemacht haben, ausgezeichnet.

Das einleitende Hauptreferat der **wissenschaftlichen Gesamttagung**

„Entwicklung von Produktivität und Qualität der Erzeugnisse in der Textil- und Bekleidungsindustrie der Deutschen Demokratischen Republik"

wurde von Textil-Ing. *E. Reinhold*, Berlin, gehalten. Nach der Darlegung des gegenwärtigen Standes der Arbeitsproduktivität in den wichtigsten Zweigen der Textil- und Bekleidungsindustrie werden die wichtigsten Faktoren für die Steigerung der Arbeitsproduktivität in den verschiedenen Bereichen erläutert und der untrennbare Zusammenhang zwischen Produktivitätssteigerung und Qualitätsentwicklung aufgezeigt. Die sich daraus ergebenden Schlußfolgerungen für die künftige Arbeit auf wissenschaftlich-technischem Gebiet wurden gezogen.

Prof. Dr. *G. N. Kukin*, Moskau, gab in seinem Referat

„Arbeiten sowjetischer Forscher zum Studium der mechanischen Eigenschaften textiler Materialien"

einen guten Überblick über die Arbeiten der sowjetischen Wissenschaftler, besonders im Hinblick auf die Entwicklung der Theorie der Festigkeit und Deformation der Polymeren allgemein und speziell textiler Materialien. Für die Qualitätsverbesserung textiler Materialien ist das Studium der mechanischen Eigenschaften von großer Wichtigkeit. Angesichts der großen Zahl textiler Materialien ergibt sich die Notwendigkeit zur Klassifizierung ihrer mechanischen Charakteristiken. Abschließend gab der Vortragende dem Wunsch nach Organisation gemeinsamer Untersuchungen sowjetischer und deutscher Wissenschaftler Ausdruck.

Anschließend sprach Dr. *G. Heinitz*, Zwickau, über

„Die Entwicklung der Arbeitsproduktivität unter Einbeziehung der Qualität".

Auch bei diesem Vortrag stand die Frage der Qualität der Erzeugnisse im Vordergrund, und es wurde eine stärkere mathematische Behandlung der ökonomischen Probleme gefordert.

In dem Vortrag

„Neue Erkenntnisse auf dem Gebiet der Nähwirktechnologien"

von Ing. *H. Kemter*, Karl-Marx-Stadt, wurde die grundsätzliche technologische Weiterentwicklung der Nähwirktechnologien in den letzten Jahren und die umfassende Steigerung ihrer Anwendung in der Industrie aufgezeigt, wobei ein Überblick über die Einführung und Einschätzung der Mali-Technologien im Weltmaßstab gegeben wurde.

Ing. *H. Müller*, Karl-Marx-Stadt, behandelte in seinem Vortrag

„Neue Erkenntnisse auf dem Gebiet der Skelantechnologie"

die Skelantechnologie als solche und die Variationsmöglichkeiten des Einsatzes der Faservliese durch Veränderung der Manupulation sowie Art und Dichte der verwendeten Einlagefäden.

Abschließend sprach Prof. Dr.-Ing. *H. Böhringer*, Rudolstadt, über

„Die Komplex-Standardisierung und Vertikal-Güte-TGL".

Es wurde der Begriff der Komplex-Standardisierung klar definiert und eine Differenzierung nach Vertikal-, Horizontal- und Komplex-Standard, wobei letzterer nochmals untergliedert ist, getroffen. Jeder dieser Standards wurde an einem Strukturbeispiel erläutert. Diese Standardisierung gewährleistet eine gute Darstellung der einzelnen Qualitätskennwerte der Faserstoffe. Dadurch ist es möglich, die Herstellungstechnologien beurteilen und ihre Entwicklung einem Optimum zuführen zu können.

Nachstehend wird über Vorträge berichtet, die am zweiten Tage in den **Gruppentagungen** gehalten wurden.

Gruppe I „Spinnerei"

Prof. Dr.-Ing. habil. *W. Wegener*, Aachen:

„Das Faserbandspinnverfahren"

Nach einer Abgrenzung dieses Verfahrens gegenüber dem Dreizylinder- und den modifizierten Baumwoll-Spinnverfahren wurden die Möglichkeiten und die Probleme des Ringspinnmaschinen-Höchstverzuges und der Faserbandvorlage dargelegt und wesentliche Gesichtspunkte der industriellen Anwendung erörtert. An Hand von Ergebnissen, die im Rahmen umfangreicher Großversuche unter Variierung der Bandvorlagen, der Ringspinnmaschinen-Streckwerke und der Anzahl der Streckpassagen ermittelt werden konnten, wurde das Ungleichmäßigkeitsverhalten von Baumwoll- und Viskosefasergarnen mittlerer Feinheit, die sowohl auf Faserband- als auch auf Dreizylinder-Sortimenten hergestellt wurden, gezeigt. Im Zusammenhang mit der Erörterung des Einflusses einer unterschiedlichen Gestaltung der Streckenpassagen wurden die beim Faserbandspinnen auftretenden wesentlichen Probleme wie Verzug, Dublierung, Faserparallelisierung sowie Hakenfasern besonders herausgestellt. Auf diesen umfassenden Untersuchungen basiert die wesentliche Erkenntnis, daß es bei optimalen Verzugsbedingungen durchaus möglich ist, nach dem Faserband-Spinnverfahren Garne herzustellen, die hinsichtlich der Materialdichte-Gleichmäßigkeit im Vergleich zu herkömmlichen Garnen gleichwertig sind.

Prof. Dr.-Ing. habil. *W. Bobeth*, Dresden:

„Zur Nutzanwendung hoher Drücke in der Spinnerei"

Ausgehend von den steigenden Preßwalzendrücken, die heute in den Spinnereien besonders durch die Verarbeitung von Chemiefasern auf Hochverzugsstreckwerken angewendet werden, interessiert das Quetschverhalten der Faserstoffe vor allem hinsichtlich einer Faserschädigung und einer Haftlängensteigerung bei Faserbändern. Systematische Versuchsreihen zeigten, daß sich die bekanntesten Faserarten recht unterschiedlich verhalten. Als besonders bemerkenswert wurde das Verhalten von Viskosefasern herausgestellt, da hierbei eine beachtliche Haftlängenvergrößerung nachweisbar ist, aus der, wie vom Referenten betont wurde, technologischer Nutzen gezogen werden sollte.

Ing. *H.-J. Müller*, Zittau:

„Leichte und schwere Hülsen aus Papier, der wichtigste Garnträger für die Textilindustrie"

Einleitend wurde die Bedeutung der Hülsenherstellung für die Textilindustrie erläutert, wobei die Fehler und Mängel der Hülsen herausgestellt werden, die in den Textilbetrieben Störungen hervorrufen. Zur Ermittlung und Auswertung derartiger Fehler sind besonders Schwingungsuntersuchungen aufschlußreich, über die ausführlich berichtet wurde. Als Hülsen mit optimalen Gebrauchseigenschaften erweisen sich danach vor allen diejenigen, die aus dünnem Papier gefertigt werden. Außerdem haben sich auch Plastikhülsen gut bewährt.

Dipl.-Ing. *G. Schauer*, Dresden:

„Neuere Verfahren der Fadenzugkraftmessung und die Einsatzmöglichkeiten in der Spinnerei"

Im Rahmen grundlegender Betrachtungen zu dem Problem der Fadenzugkraftmessung wurden die Forderungen erläutert, die heute an ein derartiges Meßgerät gestellt werden. Der am Institut für Technologie der Fasern in Dresden zu diesem Zweck entwickelte Meßwertgeber SFM arbeitet nach dem induktiven Meßprinzip. An Hand verschiedener Beispiele wurden die Meßmöglichkeiten gezeigt, aus denen ersichtlich wurde, daß dieser Meßwertgeber sowohl für die Messung sehr kleiner als auch hoher Fadenzugkräfte bei voller Auflösung aller Schwankungen eingesetzt werden kann.

Gruppe II „Weberei"

Prof. Dr.-Ing. habil. *H. Perner*, Dresden:

„Einstellung der Schlageinrichtung von Webautomaten nach der Schützenbahnkurve"

Nach Ausführungen über die Bedeutung der Schlageinstellung für den Webprozeß, die an der Schützenbahnkurve zu erkennen ist, und über Methoden zur Markierung derselben ging der Referent auf eine am Institut für Textiltechnik der Technischen Universität Dresden entwickelte Berechnungsmethode ein, die es gestattet, die registrierte Schützenbahnkurve mit einer optimalen zu vergleichen und die mit Hilfe der Nomographie soweit vereinfacht wurde, daß sie auch unter Praxisbedingungen vorteilhaft angewendet werden kann.

Dipl. rer. oec. *W. König*, Dresden:

„Möglichkeiten und Voraussetzungen der erweiterten Mehrarbeitsstellen-Bedienung (Nortex-Methode) in der Webereivorbereitung"

Es wurden die Übertragungsmöglichkeiten der Nortex-Methode auf die Webereivorbereitung untersucht und der Nachweis erbracht, daß damit in den Spulereien der DDR bedeutende Produktionsreserven erschlossen werden können. Weiterhin wurden die wichtigsten technischen und organisatorischen Voraussetzungen für eine Vergrößerung der Bedienungsbereiche in der Spulerei dargelegt sowie eine ökonomische Einschätzung gegeben.

Dr.-Ing. *R. Barthel* und Dipl.-Ing. *H. Hofmann*, Dresden:

„Methoden und Anwendungsmöglichkeiten der Fadenzugkraftmessung in der Webereivorbereitung und Weberei"

Nach Ausführungen über Methoden zur Fadenzugkraftmessung wurde auf die Bedeutung derartiger Messungen eingegangen. Diese konnte an Hand von Versuchen, die mit dem Meßkopf SFM 1—35 in der Schußspulerei und in der Weberei durchgeführt wurden, untermauert werden.

Ing. *H. Mzyk*, Karl-Marx-Stadt:

„Die Greiferschützen-Webmaschine, Modell 4405, System Neumann"

Mit Hilfe von Lichtbildern erläuterte der Referent die wesentlichsten Konstruktions- und Funktionsmerkmale des Webautomaten und verglich diese an Hand von ökonomischen Kennzahlen mit Webautomaten anderer Firmen.

H. Kliebsch, Leipzig:

„Der innerbetriebliche Transport in den Webereien"

In diesem Vortrag wurden die Forderungen zur Schaffung optimaler Transportbedingungen in den einzelnen Abteilungen der Weberei in geschlossener Form dargestellt.

Dipl.-Ing. *H. Vogt*, Enschede (Holland):

„Messung, Beurteilung und Entfernung von Dickstellen in der Spulerei"

Nach grundsätzlichen Betrachtungen über die Notwendigkeit des Einsatzes elektronischer Fadenreiniger in der neuzeitlichen Spulerei erläuterte der Vortragende die Arbeitsweise der kapazitiven und der elektronisch-optischen Fadenreiniger und stellte die Vor- und Nachteile der beiden Systeme gegenüber. Sodann folgten Betrachtungen zur Arbeitsweise des Garnfehlerprüfgerätes „Qualitester" der Firma Qualitex, Enschede. Es konnte gezeigt werden, daß damit eine Automation der bisher so zeitraubenden Garnfehlerprüfung erreicht worden ist.

Gruppe III „Wirkerei und Strickerei"

F. H. Carrotte, England:

„Technische Einzelheiten einiger Rundstrickmaschinen der Firma Kirkland & Co."

Nach der Erläuterung der Arbeitsweise verschiedener Kirkland-Strickmaschinen wurde besonders auf die Bedeutung der positiven Fadenzuführung, des an die Gestrickqualität anpaßbaren und möglichst schlupffrei wirkenden Warenabzuges und der exakten Einstellmöglichkeit der einzelnen maschenbildenden Teile für den gleichmäßigen und reproduzierbaren Ausfall des Gestrickes eingegangen. Einige Ausführungen von Faden- und Gestrickkontrollgeräten wurden im Bild gezeigt.

Ing. *M. Winter* und Ing. *W. Schlau*, Limbach-Oberfrohna:

„Die Entwicklung im Großrundstrickmaschinenbau und die erweiterten Einsatzgebiete der textilen Erzeugnisse"

Der internationale Stand der konstruktiven Ausführungen von Großrundstrickmaschinen und deren Einrichtungen, Fragen der Herstellung von textilen Erzeugnissen, des Materialeinsatzes und des Verwendungszweckes der Gestricke wurden analysiert. In verschiedenen arbeitstechnischen und ökonomischen Fragen wurden direkte Vergleiche zwischen Erzeugnissen der DDR-Produktion und der des kapitalistischen Auslandes bzw. Westdeutschlands angestellt und entsprechende Forderungen abgeleitet.

Prof. Dr. *A. Vékássy*, Budapest:

„Erfahrungen bei der Herstellung regulär gewirkter Obertrikotagen auf Flachkulierwirkmaschinen"

Neben der Beschreibung der wichtigsten konstruktiven Merkmale der Flachkulierwirkmaschinen wurde besonders die Technologie eingehend erläutert. Dabei sind sowohl Fragen des Materials sowie das maßgerechte Arbeiten der Einzelteile unter Einbeziehung der nach der Endausrüstung auftretenden Schrumpfung als auch organisatorische Probleme des Produktionsablaufes behandelt worden.

Textiling. *L. Schlüssel*, Auerbach:

„Neue Fertigungsverfahren für die Herstellung von Damenstrümpfen rundgestrickt"

Die zur Herstellung rundgestrickter Damenstrümpfe in den letzten Jahren entwickelten verkürzten und verbesserten Verfahren wurden hinsichtlich ihrer Auswirkung auf die Produktionsleistung der Arbeitskraft untersucht. Auf die konstruktiven Veränderungen der Maschinen wurde ebenfalls eingegangen.

Ing. *W. Schlau*, Ing. *K. Petzold*, Ing. *W. Oeser* und Ing. *H. Neubauer*, Limbach-Oberfrohna:

„Probleme der Mehrarbeitsstellenbildung bei der Herstellung von Untertrikotagen"

Die Ergebnisse umfangreicher Untersuchungen über die Möglichkeiten der Erweiterung der Bedienungsbereiche in den einzelnen Fertigungsstufen der Trikotagenindustrie (Untertrikotagen) wurden diskutiert. Exakte Arbeitsplatz- und Arbeitsablaufstudien, die Senkung der Überwachungszeit des Produktionsprozesses durch die Arbeitskraft sowie die Reduzierung der manuellen Tätigkeit der Arbeitskraft sind zur Schaffung größerer Bedienungsbereiche und letztlich als Mittel zur Steigerung der Arbeitsproduktivität genannt worden.

Im zweiten Teil des Vortrages wurde die gleiche Problematik für die Konfektion behandelt.

Gruppe IV „Vliesstoff- und Nähwirktechnik"

Ing. *H. Kemter*, Karl-Marx-Stadt, gab in seinem Vortrag

„Stand der Entwicklung der Nähwirkmaschinen"

einen Überblick über die verschiedenen Arten der Nähwirkmaschinen und ihren jetzigen Entwicklungsstand.

Ing. *H. Zieschang*, Hohenstein-Ernstthal:

„Erfahrungen mit Malimo-Maschinen, 1600 mm Arbeitsbreite, im VEB Baumwollweberei Hohenstein-Ernstthal"

Der Vortragende sprach über den Einfluß der Konstitution der Fäden, ihrer Vorbereitung und Verarbeitung, auf die Kosten und Qualität der Erzeugnisse. Als besonders wertvoll dürften die zahlenmäßigen Angaben über die Belastung der Bedienung sowie die Aufschlüsselung der Stillstandszeiten der Maschinen und die Analysen der aufgetretenen Fehler für die Praxis angesehen werden.

Ing. *W. Scholtis*, Karl-Marx-Stadt:

„Einstellung und Eigenschaften von Nähgewirken — Malimo“

Der Einfluß verschiedener Einstellungsparameter der Maschinen, der Maße und der Konstruktion der Fäden auf die Gebrauchswerteigenschaften des Erzeugnisses wurde behandelt. Der Vortragende gab seine Erfahrungen beim Einarbeiten von Faservliesen und bei der Prüfung der Malimo-Erzeugnisse bekannt.

Ing. *H. Thomas*, Karl-Marx-Stadt:

„Probleme der Vlieserzeugung“

Nach einer Erläuterung der wichtigsten international bewährten Verfahren wurden schließlich der Stand und die Entwicklung der Vlieserzeugung in der DDR gezeigt.

Dr. *G. Schröder*, Karl-Marx-Stadt:

„Die Problematik der Herstellung des Klebvliesstoffes Verbasyn“

Hierbei wurde sowohl auf technologische als auch auf chemische Probleme eingegangen und die einzelnen Verwendungszwecke kurz umrissen.

In der anschließenden Diskussion machte Dr. *Nottebohm* von der Fa. Freudenberg (BRD) einige Ausführungen über die Perspektive der Klebvliesstoffe.

Gruppe V „Textilveredlung“

Dr. *H. Richter*, Dresden:

„Neuere Erkenntnisse zur Chemie der Baumwollfaser“

Über die dem Vortrag zugrunde liegenden Untersuchungen wurde ausführlich in unserer Zeitschrift berichtet.

Dr.-Ing. *C. A. Meier-Windhorst*, Hamburg:

„Neuentwicklungen der Gewebetrocknung und Gewebefixierung“

Der Referent gab in einem ausgezeichneten Vortrag Einblick in die vielfältigen, schwierigen und noch ungelösten Probleme der modernen Textilveredlung, insbesondere der Trocknung und Fixierung. Die Produktionstechnik, ihre Verfahren und Maschinen stehen vor einer grundsätzlichen Strukturveränderung, die durch neue Fasern und den Umfang der neuen Aufgaben bedingt ist. Nur durch die enge Zusammenarbeit zwischen Textilveredlungsindustrie, der chemischen Industrie und dem Maschinenbau kann eine industrielle Grundlagenklärung und systematische Verfahrensentwicklung betrieben werden, um die in der Praxis fast auschließlich noch vorhandene „empirische“ Verfahrensentwicklung abzulösen. Die stärksten Entwicklungsimpulse werden dabei in Zukunft sicher von einer intensiven Klärung der Einflüsse der physikalischen Verfahrensbedingungen zu erwarten sein. An Hand instruktiver Beispiele (Bleiche, Färberei, Druckerei, Trocknen, Hochveredeln und Imprägnieren) wies der Vortragende auf wichtige neue Erkenntnisse und Neuentwicklungen hin. Er zeigte aber auch, welche Probleme noch einer Lösung bedürfen (Druckereidämpfer, Wanderungserscheinungen beim Trocknen).

Dr. rer. nat. *E. Käppler*, Dresden:

„Neuere Anschauungen über den Härtungsmechanismus bei der photochemischen Filmdruckschablonenherstellung“

Obwohl die photochemische Filmdruckschablonenherstellung schon seit der Mitte des vorigen Jahrhunderts auf Grund empirischer Erfahrungen mit Erfolg angewendet wird, ist über den chemischen Reaktionsverlauf bis in die jüngste Zeit nur wenig bekannt geworden. Im Vortrag wurden die älteren Arbeiten von *Eder* und *Lumiere* zum photochemischen Zerfall der Chromate und die Untersuchungen zum Härtungsmechanismus beim Chromatkopierprozeß erörtert sowie die älteren Reaktionsgleichungen mit den modernen theoretischen Vorstellungen verglichen. Anschließend wurde über eigene Untersuchungen zum Härtungsmechanismus beim Chromat-Polyvinylalkohol-Kopierprozeß berichtet. Bei den Untersuchungen zeigte sich, daß die Ursachen des Härtungsphänomens Vernetzungsreaktionen sind. Auf deren Außmaß, die Eigenheiten und die entstehenden Chromverbindungen wurde ausführlich eingegangen.

Gruppe VI „Textilprüfung“

Prof. Dr.-Ing. *H. Böhringer*, Rudolstadt:

„Zur Bestimmung der zugelastischen Arbeit von Textilien“.

Es wurde die elastische Arbeit bei Einbeziehung der konstruktiv ermittelten Kenngröße unter Berücksichtigung des Zeitfaktors analysiert und an Hand einer stufenweise verstreckten Syntheseseide die Vorgänge der Ermüdung und Erholung und deren Zusammenhänge erörtert.

Dr. *H. Henkel*, Rudolstadt:

„Grundlegende Betrachtungen zur Kräuselungsmessung“

Nach einem Überblick und einer Einschätzung der bisherigen Meßverfahren wurde ein einfaches Meßgerät zur Bestimmung der Kräuselung von Einzelfasern beschrieben. Und an einigen Beispielen die Aussagekraft der neuen Kennwerte (mittlere Krümmung, mittlere Wendung, mittlerer Tangenteneinheitsfaktor bzw. Biege-, Torsions- und Zugsteifheit) diskutiert.

Textil-Ing. *W. Friedemann*, Rudolstadt:

„Über Bauschigkeitsmessung an Chemiefaserstoffen“

Diese stellt zwar ein anerkannt wichtiges Gütemerkmal dar, doch ist für sie bisher noch keine kommerzielle Lösung gefunden worden. Eine selbstentwickelte Vorrichtung gestattet die wegearme Messung der einer wählbaren Kompression entgegenwirkenden Kräfte und soll praxisnahe Aussagen liefern.

Dr.-Ing. *R. Nestler*, Dresden:

„Garndrehungsbestimmung nach dem modifizierten Spannungsfühlerverfahren“

An Hand der Ergebnisse einer umfangreichen Versuchsreihe wurde gezeigt, daß das durch Einführung der Gleitlänge modifizierte Spannungsfühlerverfahren nicht nur reproduzierbare und aussagekräftigere Prüfwerte liefert, sondern sich auch durch eine höhere Leistungsfähigkeit gegenüber dem Aufdrehverfahren auszeichnet. Diese Feststellungen wurden durch ein von Dr.-Ing. *H. Martin*, Dresden, gehaltenes Korreferat bestätigt, in dem er die Ergebnisse von Vergleichsprüfungen im Arbeitsausschuß „Fadenprüfung“ bekanntgab.

Dr.-Ing. *A. Keworkian*, Sofia:

„Über die Aussagekraft der Ergebnisse der Scheuerprüfung an Geweben“

Der Einfluß verschiedener Versuchsbedingungen auf das Prüfergebnis am Rundscheuerprüfer (System Schopper) wurde untersucht und zur Bestimmung der Qualität vorgeschlagen, die Ermittlung der Scheuerfestigkeit bei einer Scheuerkopfbelastung von 500 p und die Bestimmung der Zugfestigkeit im Zusammenhang mit der theoretischen Scheuerfestigkeit vorzunehmen.

Dr.-Ing. *H. Martin*, Dresden:

„Erfahrungen bei der Durchführung der Dauerbiegeprüfung“

Über vielseitige Untersuchungen zur Erfassung störender Einflußfaktoren zwecks weiterer Präzisierung der Prüfbedingungen sowie über aufschlußreiche Ergebnisse eines im Arbeitsausschuß „Fadenprüfung“ organisierten Rundtestes an verschiedenen Dauerbiegeprüfgeräten für Gewebe und Fäden wurde berichtet.

Dipl.-Ing. *L. Vollrath*, Dresden:

„Zum Knittererholungsverhalten von textilen Flächengebilden und der Auswertung der Prüfergebnisse“.

Umfangreiche Untersuchungen erbrachten den Beweis, daß die theoretischen Grundlagen für die Berechnung des Aufspringwinkels α_0 und der Gütezahl K dem Materialverhalten nicht in ausreichendem Maße entsprechen und deren Aussagekraft daher unbefriedigend ist.

Patentschau

Auszug aus der Lieferung 3/4/1964 der Patentschau „Faserstoffe und Textiltechnik", Ausgabe A: Faserstoffe einschl. Kunststoffe und organ. Grundsubstanzen, zusammengestellt von der Abteilung Wissenschaftliches Berichtswesen des Instituts für Faserstoff-Forschung, Teltow-Seehof, Kantstr. 55

Die Patentschau ist nach der deutschen Patentklasseneinteilung gegliedert. Es bedeuten: DDP = DDR-Patent; DBP = Deutsches Bundespatent; DAS = (West)-Deutsche Auslegeschrift; OeP = Österreichisches Patent; SzP = Schweizer Patent; FrP = Französisches Patent; GBP = Britisches Patent; SvP = Schwedisches Patent; SUP = Sowjetisches Patent; ČSP = Tschechisches Patent; USP = Amerikanisches Patent; – A = Anmelde-, B = Bekanntmachungs-, E = Erteilungsdatum.

Klasse 29a

GBP 937919. Herstellen von kurzen Fasern aus synthetischen Polymeren. Inh.: E. I. du Pont de Nemours & Co. A. 21. 11. 61, Kl.: 2 (2). A.-Z.: 41596/61.

SUP 157754. (Urheberschein). Maschine zum Schneiden von Chemiefasern auf Stapellänge. Erf.: *A. V. Bratuchin, A. I. Maltabar, G. K. Moiseev* u. *V. V. Sokolov*. A. 23. 7. 62, B. 14. 10. 63, Kl.: 29a, 6/05. A.-Z.: 788161/28.

FrP 1347150 (Aj.). Verfahren und Vorrichtung zur Behandlung von Fäden oder Geweben. Inh.: Milleret, P., A. 13. 11. 62, E. 18. 11. 63, Int. Kl.: D 06 m. A.-Z.: 915216.

FrP 1347265. Verfahren und Vorrichtung zum Behandeln von Textilfaserbündeln mit einer Flüssigkeit. Inh.: The Dow Chemical Co. A. 29. 11. 62, E. 18. 11. 63, Int. Kl.: D 01 d. A.-Z.: 917018.

FrP 1347444. Verfahren zur Behandlung von künstlichen und synthetischen Fasern. Inh.: Snia Viscosa Società Nazionale Industria Applicazioni Viscosa S. p. A., A. 6. 2. 63, E. 18. 11. 63, Int. Kl.: D 01d; D 06c. A.-Z.: 923850. Prior.: 19. 2. 62 (It; A.-Z.: 20661).

DDP 25729. Spinndüse zum Schmelzspinnen synthetischer, linearer Hochpolymerer, wie Polyamide, Polyester usw. Erf. u. Inh.: *Gerhard Selisko*, Rudolstadt u. *Rudi Schroth*, Dipl.-Chem., Neustadt (Orla). A. 25. 1. 60, Ausg. 29. 7. 63, Kl.: 29a, 6/10. A.-Z.: WP 29a/65554.

DDP 25912. Verfahren zum Färben und Härten von Spinndüsen aus Tantal. Erf. u. Inh.: *Dieter Heuer*, Werder (Havel), *Heinz Göricke*, Edlau (Kr. Bernburg) u. *Robert Hobusch*, Gröbzig. A. 5. 5. 60, Ausg. 23. 9. 63, Kl.: 29a, 6/10. A.-Z.: WP 29a/67492.

GBP 939354. Spinndüsen, Spinnen von Kollagen. Inh.: Ethicon Inc. A. 7. 3. 61, Kl.: 2 (2). A.-Z.: 8326/61.

FrP 1342839. Verfahren und Vorrichtung zur Erzielung von Falschdraht bei einem sich bewegenden Faden. Inh.: N. V. Onderzoekingsinstituut Research. A. 12. 9. 62, E. 7. 10. 63, Int. Kl.: D 02 d. A.-Z.: 909260. Prior.: 12. 9. 61 (Nd; A.-Z.: 269191).

DAS 1159587. Heizvorrichtung, insbesondere für Schmelzspinnvorrichtungen für synthetische Fäden. Anm.: Keigo Kobayashi, Tokio. A. 6. 5. 54, B. 19. 12. 63, Kl.: 29a, 6/31. A.-Z.: K 22150. Prior.: 6. 5. 53 (Ja; A.-Z.: 8044).

Klasse 29b

DAS 1158206. Verfahren zur Herstellung von Fäden oder Stapelfasern aus Cellulosehydrat mit einem hohen Polymerisationsgrad. Erf.: *S. Taschikawa, H. Fujii* u. *T. Asaeda*. Anm.: Tatsuji Tachikawa Kyotó (Ja). A. 8. 2. 58, B. 28. 11. 63, Kl.: 29b, 3/20. A.-Z.: T 14718. Prior.: 11. 2. 57, 19. 12. 57 (Ja; A.-Z.: 2998, 31377).

DAS 1159588 Zus. z. Anm. N 11866 (DAS 1024676). Verbessertes Verfahren zur Herstellung von Fäden oder Fasern aus Cellulosehydrat. Erf.: *A. Buurman, P. C. Limburg* u. *R. A. Vroom*. Anm.: N. V. Onderzoekingsinstituut Research, Arnheim (Nd). A. 14. 2. 59, B. 19. 12. 63, Kl.: 29b, 3/20. A.-Z.: N 16261, Prior.: 18. 3. 58 (Nd; A.-Z.: 225993).

OeP 232179. Verfahren zur Herstellung hitzebeständiger Gegenstände aus Polyamid. Inh.: N. V. Onderzoekingsinstituut Research, Arnheim (Nd), 5. 9. 61/15. 7. 63/15. 1. 64, Kl.: 29b, 15/02. A.-Z.: 6777/61. Prior.: 6. 9. 60 (Nd).

FrP 1343080. Verfahren zum Spinnfärben von Fäden und anderen entsprechenden Gegenständen. Inh.: British Nylon Spinners Ltd. A. 31. 10. 62, E. 7. 10. 63, Int. Kl.: D 01f. A.-Z.: 914115.

FrP 1346604. Verbesserte Fäden und Fasern aus Polyester. Inh.: Imperial Chemical Industries Ltd. A. 14. 1. 63, E. 4. 11. 63, Int. Kl.: D 01d, D 06m. A.-Z.: 921373.

OeP 232180. Verfahren zur Herstellung von Polyacrylnitrillösungen. Erf.: *W. Lang* u. *H.-P. Frank*. Inh.: Österreichische Stickstoffwerke AG, Linz, 13. 2. 62/15. 7. 63/15. 1. 64, Kl.: 29b, 15/03. A.-.Z: 1173/62.

SzP 373860. Verfahren zur Herstellung von Fäden. Erf.: *P. Halbig* u. *C. Nordmann*. Inh.: Lonza AG, Gampel/Wallis (Geschäftsleitung: Basel). A. 6. 6. 58, E. 15. 12. 63, Kl.: 29b, 3/65. A.-Z.: 60338/58.

FrP 1346029. Verfahren zur Verbesserung der färberischen Eigenschaften von aus Mischungen synthetischer Polymerer hergestellten Fasern und nach diesem Verfahren erhaltene Erzeugnisse. Erf.: *A. Bonvicini* u. *E. Ildos*. Inh.: Montecatini Soc. Gen. per l'Industria Mineraria e Chimica. A. 29. 1. 63, E. 12. 11. 63, Int. Kl.: D 01f, D 06m. A.-Z.: 922981. Prior.: 2. 2. 62 (It; A.-Z.: 2114/62).

FrP 1346872. Verfahren zur Herstellung stark schrumpfbarer Acrylnitrilfasern. Inh.: Asahi Kasei Kogyo Kabushiki Kaisha. A. 12. 2. 63, E. 4. 11. 63, Int. Kl.: D 01f. A.-Z.: 924548. Prior.: 13. 2. 62 (Ja; A.-Z.: 4837/1962).

FrP 1343220. Antistatische Schmälzmittel für Naturfasern, synthetische Fasern und Fasermischungen. Erf.: *G. Vitelli, F. Vacanti* u. *A. Cavardi*. Inh.: Montecatini Soc. Gen. per l'Industria Mineraria e Chimica. A. 20. 12. 62, E. 7. 10. 63, Int. Kl.: D 06m. A.-Z.: 919282. Prior.: 22. 12. 61 (It; A.-Z.: 23113/61).

DAS 1159126. Verfahren zur Verbesserung der Krempel- und Kämmbarkeit von künstlichen Fasern aus Polyestern. Erf.: *G. Hennemann*. Anm.: N. V. Onderzoekingsinstituut Research, Arnheim (Nd). A. 14. 12. 57, B. 12. 12. 63, Kl.: 29b, 5/04. A.-Z.: N 14453. Prior.: 15. 1. 57 (Nd; A.-Z.: 213732).

Klasse 39c

FrP 1343010. Verfahren zur Herstellung von Polyurethanen. Inh.: Shell Internationale Research Maatschappij N. V. A. 8. 10. 62, E. 7. 10. 63, Int. Kl.: C 08g, C 09d. A.-Z.: 911619. Prior.: 10. 10. 61 (Nd; A.-Z.: 270073).

DAS 1159642. Verfahren zur Herstellung von freie Hydroxylgruppen enthaltenden Polyesteramiden. Erf.: *K. Schmidt* u. *H.-J. Beck*. Anm.: Dr. Beck & Co. GmbH, Hamburg. A. 3. 11. 55, B. 19. 12. 63, Kl.: 39c, 10. A.-Z.: B 56530.

DAS 1159643. Verfahren zur Herstellung von schaumförmigen Polyamiden. Erf.: *H. Brüggemann, K. Dachs, H. Wilhelm* u. *E. Schwartz*. Anm.: Badische Anilin- & Soda-Fabrik AG, Ludwigshafen/Rhein. A. 8. 7. 61, B. 19. 12. 63, Kl.: 39c, 10. A.-Z.: B 63187.

DAS 1159645. Verfahren zur Herstellung von linearen Polyamiden. Anm.: Snia Viscosa Società Nationale Industria Applicazioni Viscosa S. p. A., Mailand (It). A. 21. 12. 56, B. 19. 12. 63, Kl.: 39c, 10. A.-Z.: P 17653. Prior.: 26. 1. 56 (It; A.-Z.: 547998).

DAS 1158260. Verfahren zur Herstellung von Poly-(äthylenglykolterephthalat). Erf.: *L. Riehl*. Anm.: Vereinigte Glanzstoff-Fabriken AG, Wuppertal-Elberfeld. A. 23. 9. 59, B. 28. 11. 63, Kl.: 39c, 16. A.-Z.: V 17296.

DAS 1158261. Verfahren zur Herstellung von Poly-(äthylenglykolterephthalat). Erf.: *L. Riehl*. Anm.: Vereinigte Glanzstoff-Fabriken AG, Wuppertal-Elberfeld. A. 23. 9. 59, B. 28. 11. 63, Kl.: 39c, 16. A.-Z.: V 17299.

DAS 1158259. Verfahren zur Herstellung von Poly-(äthylenglykolterephthalat). Erf.: *L. Riehl*. Anm.: Vereinigte Glanzstoff-Fabriken AG, Wuppertal-Elberfeld. A. 23. 9. 59, B. 28. 11. 63, Kl.: 39c, 16. A.-Z.: V 17294.

DAS 1159168. Verfahren zur Herstellung von Poly-(äthylenglykolterephthalat). Erf.: *L. Riehl*. Anm.: Vereinigte Glanzstoff-Fabriken AG, Wuppertal-Elberfeld. A. 23. 9. 59, B. 12. 12. 63, Kl.: 39c, 16. A.-Z.: V 17301.

DAS 1159646. Verfahren zur Herstellung von hochmolekularen, thermoplastischen Polyestern. Erf.: *A. J. Conix*. Anm.: Gevaert Photo-Producten N. V., Mortsel, Antwerpen (Be). A. 30. 6. 60, B. 19. 12. 63, Kl.: 39c, 16. A.-Z.: G 29947. Prior.: 29. 4. 60 (Be; A.-Z.: 39742).

GBP 937688. Polyester und daraus erhaltene zellförmige Polyurethane. Inh.: Allied Chemical Corp., A. 11. 8. 61, Kl.: 2 (5). A.-Z.: 29134/61.

SUP 158066 (Urheberschein). Verfahren zur Herstellung von ungesättigten Glykol/Maleinsäure-Polyestern. Erf.: *M. S. Malinovskij, L. M. Jurilina, S. E. Nikonova* u. *V. F. Kovaleva*, A. 6. 8. 62, B. 18. 10. 63, Kl.: 39c, 16. A.-Z.: 789979/23–4.

DAS 1158709. Verfahren zur Herstellung von veresterten oder verätherten Polyoxymethylenen. Erf.: *K. Wagner* u. *H. Kritzler*. Anm.: Farbenfabriken Bayer AG, Leverkusen. A. 18. 2. 59, B. 5. 12. 63, Kl.: 39c, 18. A.-Z.: F 27733.

DAS 1158710. Verfahren zur Herstellung von hochmolekularen Polyoxymethylenen. Erf.: *H. Kritzler* u. *K. Wagner*. Anm.: Farbenfabriken Bayer AG, Leverkusen. A. 28. 2. 59, B. 5. 12. 63, Kl.: 39c, 18. A.-Z.: F 27833.

DAS 1159647. Verfahren zur Herstellung von Polyoxymethylenen. Erf.: *J. G. Floß*. Anm.: Badische Anilin- & Soda-Fabrik AG, Ludwigshafen/Rh. A. 14. 4. 62, B, 19. 12. 63, Kl.: 39c, 18. A.-Z.: B 66826.

DDP 25717. Verfahren zur Polymerisation von Vinyläthern. Erf.: *G. Natta, G. Mazzanti* u. *U. Giannini*. Inh.: Montecatini Soc. Gen. per l'Industria Mineraria e Chimica, Mailand. A. 17. 12. 58, Ausg. 23. 7. 63, Kl.: 39c 25/01. A.-Z.: P 39c/58438.

DAS 1158265. Verfahren zur Herstellung von neuen, Perfluorkohlenstoffester enthaltenden Polymeren und Copolymeren. Erf.: *R. F. Heine*. Anm.: Chemische Fabrik Pfersee GmbH, Augsburg. A. 12. 4. 62, B. 28. 11. 63, Kl.: 39c, 25/01. A.-Z.: C 26730.

DAS 1158268 Zus. z. Pat. m. Anm. F 31413 (DAS 1148382). Verfahren zur Herstellung von Polymerisaten. Erf.: *W. von Bonin*, u. *H. Bartl*. Anm.: Farbenfabriken Bayer AG, Leverkusen. A. 21. 6. 61, B. 28. 11. 63, Kl.: 39c, 25/01. A.-Z.: F 34228.

OeP 232269. Verfahren zur Herstellung von Pfropfcopolymeren aus linearen amorphen, nicht kristallisierbaren Polymeren von α-Olefinen oder Copolymeren, von α-Olefinen miteinander und/oder Äthylen. Erf.: *G. Natta, E. Beati* u. *F. Severini*. Inh.: Montecatini Soc. Gen. per l'Industria Mineraria e Chimica, Mailand. 26. 6. 61/15. 7. 63/15. 1. 64, Kl.: 39b, 12. A.-Z: 4923/61. Prior.: 30. 6. 60 (It).

OeP 232278. Verfahren zum Polymerisieren von α-Methacrylnitril. Erf.: *G. Natta, G. Mazzanti* u. *G. Dall'Asta*. Inh.: Montecatini Soc. Gen. per l'Industria Mineraria e Chimica, Mailand (It). 11. 12. 61/15. 7. 63/15. 1. 64, Kl.: 39b, 14. A.-Z.: 9337/61. Prior.: 14. 12. 60 (It).

FrP 82026 Zus. z. Pat. 1257522. Verfahren zur Herstellung von harzartigen Produkten, besonders geeignet zur Herstellung von Textilfasern aus synthetischen Polymeren. Erf.: *G. Cantatore*. Inh.: Montecatini Soc. Gen. per l'Industria Mineraria e Chimica. A. 24. 7. 62, E. 12. 11. 63, Int. Kl.: C 08f, C 08g, D 01f. A.-Z.: 904899. Prior.: 27. 7. 61 (It; A.-Z.: 13894/61).

FrP 1343974. Verfahren zur Herstellung von α-Olefinpolymeren mit bestimmten Molekulargewichten. Erf.: *L. Luciani* u. *S. Bianchi*. Inh.: Montecatini Soc. Gen. per l'Industria Mineraria e Chimica. A. 27. 12. 62, E. 14. 10. 63, Int. Kl.: C 08f. A.-Z.: 919824. Prior.: 29. 12. 61 (It; A.-Z.: 23492/61).

FrP 1344617. Olefincopolymere und Verfahren zu ihrer Herstellung. Erf.: *G. Natta*, *A. Valvassori*, *G. Sartori* u. *H. Giannini*. Inh.: Montecatini Soc. Gen. per l'Industria Mineraria e Chimica. A. 4. 12. 62, E. 21. 10. 63, Int. Kl.: C 08f. A.-Z.: 917494. Prior.: 5. 12. 61, 20. 2. 62 (It; A.-Z.: 21886/61; 3356/62).

FrP 1345631. Verfahren zur Herstellung eines Katalysators für die Polymerisation von Olefinen und von Olefinpolymeren. Inh.: Tokuyama Soda Kabushiki Kaisha. A. 10. 10. 62, E. 12. 11. 63, Int. Kl.: C 08f. A.-Z.: 911843. Prior.: 10. 10. 61 (Ja; A.-Z.: 36755/61).

GBP 932231. Polymerisation von Äthylen. Inh.: Imperial Chemical Industries Ltd. A. 2. 5. 62, Kl.: 2 (6). A.-Z.: 16855/62.

Klasse 42k, 50

SUP 157826 (Urheberschein). Gerät zur Bestimmung der in einem zu verstreckenden, sich bewegenden Faden von Chemiefasern entstehenden Spannungen. Erf.: *M. P. Zverev*, *B. P. Zverev*, *S. V. Michajlov* u. *M. K. Šemetov*. A. 10. 7. 62, B. 14. 10. 63, Kl.: 42k, 50. A.-Z.: 786078/28 – 12.

FrP 1345751 (Aj.). Vorrichtung zur Regelung der Bauschigkeit von Fäden, die eine Kräuselvorrichtung verlassen und zum Aufspulen bestimmt sind. Inh.: François Masurel Frères. A. 2. 11. 62, E. 12. 11. 63, Int. Kl.: D 01d, D 02f. A.-Z.: 914150.

Literaturschau

Auszug aus Lieferung 3 und 4/1964 des Dokumentationsdienstes „Faserstoffe und Textiltechnik", zusammengestellt von der Abteilung Wissenschaftliches Berichtswesen des Instituts für Faserstoff-Forschung, Teltow-Seehof, Kantstr. 55

I. Wissenschaftliche Grundlagen

Physik und Chemie der Hochpolymeren

Breny, H., Einführung zur Untersuchung der harmonischen Analyse von Faserbündeln. I. Teil. Theoretische Betrachtungen. Ann. sci. Textiles belges (1963) 4, S. 117 – 138.

Adams, N., Reibung und Deformation von Nylon. I. Experimentelles. II. Theoretisches. J. appl. Polymer Sci. **7** (1963) 6, S. 2075 – 2103; 2105 bis 2120.

Belavceva, E. M., *Gumargalieva, K. Z.*, *Kitajgorodskij, A. I.*, Elektronenmikroskopische Untersuchungen von Pfropfpolymeren. Dokl. Akad. Nauk SSSR (Ber. Akad. Wiss. UdSSR) **153** (1963) 3, S. 631 – 633.

Nikonovič, G. V., *Leont'eva, S. A.*, u. *Usmanev, Ch. U.*, Elektronenmikroskopische Untersuchungen modifizierter Cellulosefasern. Chim. Volokna (Chem. Fasern) **5** (1963) 6, S. 55 – 61.

Marichin, V. A., *Romankova, L. P.*, u. *Slucker, A. I.*, Elektronenmikroskopische Strukturuntersuchungen von kristallinen Polymeren. Vysokomol. Soed. (Hochmol. Verbind.) **5** (1963) 12, S. 1795 – 1798.

Berestnev, V. A., *Lytkina, M. B.*, u. *Kargin, V. A.*, Änderung der Faserstruktur von Viskosecord beim Erhitzen. Chim. Volokna (Chem. Fasern) **5** (1963) 6, S. 47 – 51.

Gavrilov, M. Z., *Ermolenko, I. N.*, Anwendung der diffus-reflektierenden Spektrophotometrie zur Untersuchung der Sorption von Farbstoffen durch Cellulosefasermaterialien. Ž. fizič. Chimi (Z. physik. Chemie) **37** (1963) 11, S. 2491 – 2495.

Šablygin, M. V., u. *Michajlov, N. V.*, Immersionsmethode für die Gewinnung von UR-Absorptionsspektren von Fasern im polarisierten Licht. Chim. Volokna (Chem. Fasern) **5** (1963) 6, S. 51 – 55.

Luongo, J. P., u. *Salovey, R.*, IR-Spektren von bestrahltem Polyäthylen. J. appl. Polymer Sci. **7** (1963) 6, S. 2307 – 2318.

Vodnanský, J., *Slabina, M.*, u. *Schneider, B.*, Untersuchung der Veränderungen der Zusammensetzung und Struktur der Cellulose und des Holzes durch Infrarot-Spektroskopie. Coll. czechoslov. chem. Commun. **28** (1963) 12, S. 3245 – 3256.

Philipp, B., *Baudisch, J.*, u. *Ruscher, Ch.*, Strukturuntersuchungen an Celluloseregeneratfäden mit chemischen Accessibilitätsmethoden, 1. Mitt. Erkennung von Zellstoff- und Modifikatoreneinflüssen auf die Struktur von Cordreyonfäden aus dem Quellungs- bzw. Löseverlauf in alkalischen Medien. Faserforsch. u. Textiltechnik **15** (1964) 1, S. 30 – 39.

Dolmetsch, H., Die übermolekulare Struktur der Cellulose. Melliand Textilber. **45** (1964) 1, S. 12 – 20.

von Hornuff, G., u. *Grimm, H.*, Zur Kenntnis der Feinstrukturveränderungen von PE-Faserstoffen durch chemische und thermische Einflüsse. Faserforsch. u. Textiltechnik **15** (1964) 2, S. 75 – 79.

Hennige, E., Die strukturelle Veränderung der Baumwolle bei der Behandlung mit Diaminen und Natronlauge. Teil II. Melliand Textilber. **44** (1963) 12, S. 1350 – 1352.

Gawlak, M., u. *Rose, J. B.*, Polycarbonate aus 2,2,4,4-Tetramethylcyclobutan-1,3-diolen. Teil I. Herstellung und Struktur. Polymer, London **4** (1963) 4, S. 515 – 524.

Jones, A. T., u. *Palmer, R. P.*, Polycarbonate aus 2,2,4,4-Tetramethylcyclobutan-1,3-diolen. Teil II. Kristallstruktur und Schmelzverhalten. Polymer, London **4** (1963) 4, S. 525 – 537.

Krazer, B., Über die Bindung zwischen Cellulose und Reaktivfarbstoffen. Verkürzte Fassg. Dissertation/Basel, Phil.-naturwiss. F. – Aus: Helvetica chimica Acta. Vol. 43, 1960, Fasc. 6 u. d. T.: Über die Art der Bindung zwischen Reaktivfarbstoff u. Cellulose/Basel 1960. S. 1513 – 1522. gr. 8° Ref.: Dt. Nationalbibliogr. Reihe B (1963) 23, S. 2200, Nr. 539.

Kirste, R., Über die Temperaturabhängigkeit des ausgeschlossenen Volumens in Lösungen von Fadenmolekülen. Z. physik. Chemie. N. F. Frankfurt/M. **39** (1963) 1/2, S. 20 – 26.

Bobeth, W., *Heger, A.*, *Syrbe I.*, u. *Scherler, A.*, Zur Eigenschaftsbeeinflussung von Faserstoffen durch radioaktive Strahlen. Teil III. Weitere Untersuchungen an reaktorbestrahlten Faserstoffen. Faserforsch. u. Textiltechnik **15** (1964) 1, S. 1 – 9.

Klimova, V. S., *Katoržnov, N. D.*, *Kudrjavcev, G. I.*, u. *Besčastnov, A. V.*, Schnellmethode für die gleichzeitige Bestimmung des Monomer- und Feuchtigkeitsgehaltes im Polycaprolactam. Chim. Volokna (Chem. Fasern) **5** (1963) 6, S. 64 – 65.

Gingras, B. A., *Cooney, D.*, *Jackson, K. A.*, u. *Bayley, C. H.*, Photochemischer Abbau von Baumwollcellulose. Textile Res. J. **33** (1963) 12, S. 1000 bis 1004.

Petropavlovskij, G. A., u. *Krunčak, M. M.*, Untersuchung der Methoden zur Gewinnung von Sulfonestern der Cellulose. Ž. prikl. Chimii (Z. angew. Chemie) **36** (1963) 11, S. 2506 – 2512.

Dcharijal, Č. D., *Malinina, A. I.*, *Timochin, I. M.*, *Finkel'stejn, M. Z.*, Einfluß einiger Faktoren auf die Geschwindigkeit der Carboxymethylierung von Cellulose und die Einheitlichkeit der CMC. Ž. prikl. Chimii (Z. angew. Chemie) **36** (1963) 11, S. 2513 – 2517.

Physik und Chemie der Monomeren und Oligomeren

Valea, I., *Drimus, I.*, *Mătasă, Cl.*, u. *Cristescu, C.*, Vergleich zwischen den wichtigsten Herstellungsmethoden von Caprolactam. Rev. Chimie, Bucureşti **14** (1963) 10, S. 581 – 595.

Polymerisation

Suzuki, I., *Ogawa, S.* Der Einfluß der Zugabe von Kationen auf die gleichzeitige Pfropfung von Styrol auf Viskosekunstseide durch γ-Bestrahlung. J. appl. Polymer Sci. **7** (1963) 6, S. 2067 – 2074.

Hayakawa, K., *Kawase, K.*, u. *Matsuda, T.*, Durch γ-Strahlung ausgelöste Pfropfcopolymerisation. VIII. Einfluß der Lösungsmittel auf die unter Vorbestrahlung durchgeführte Pfropfcopolymerisation von Styrol auf Celluloseacetat in Lösung. Chem. High Polymers, Tokyo **20** (1963) 222. S. 609 – 613 (jap; engl. Zusammenfass.).

Brown, G. R., u. *Pepper, D. C.*, Kationische Copolymerisation von 2-Chloräthylvinyläther mit Styrol und mit α-Methylstyrol. J. chem. Soc. (1963) 12, S. 5930 – 5933.

Cubbon, R. C. P., Die Polymerisation und Ringerweiterung von Önantholactam. Polymer, London **4** (1963) 4, S. 545 – 548.

Balaklejceva, L. F., *Koreckaja, A. I.*, u. *Kudrjavcev, G. I.*, Polyamidester und Fasern auf ihrer Basis. Chim. Volokna (Chem. Fasern) **5** (1963) 6, S. 31 – 34.

Black, W. A. P., *Dewar, E. T.*, u. *Hare, J. B.*, Kohlehydratreste enthaltende Polyester. J. chem. Soc. (1963) 12, S. 5724 – 5727.

Ochramovič, A. E., *Kretov, A. E.*, Herstellung von Polyestern durch Kondensation von Fluoren-9,9-dipropionsäure mit 1,4-Butylenglykol und 1,1-Dioxyäthyläther. Ž. prikl. Chimii (Z. angew. Chemie) **36** (1963) 12, S. 2775 – 2779.

Henglein, F. A., u. *Erb, K.*, Über Polyester aus isomeren Dihydronaphthalindicarbonsäuren(1,2) und Versuche zu deren Copolymerisation mit Styrol. Makromol. Chemie **69** (1963) S. 41 – 46.

Koršak, V. V., *Vinogradova, S. V.*, u. *U Ban-juan'*, Über Polyester mit Heteroketten. XLVI. Herstellung von Polyamidarylaten auf der Basis von Isophthalylchlorid, p,p'-Dioxydiphenyl-2,2-propan und Hexamethylendiamin nach der Methode der Interphasenpolykondensation. Vysokomol. Soed. (Hochmol. Verbind.) **5** (1963) 12, S. 1765 – 1770.

Bogdanov, M. N., *Spirina, I. A.*, *Zmaeva, I. V.*, u. *Kalmykova, V. D.*, Synthese und Eigenschaften einiger Polyamide mit reaktionsfähigen Gruppen. Vysokomol. Soed. (Hochmol. Verbind.) **5** (1963) 12, S. 1805 bis 1808.

Schnecko, H., *Reinmöller, M.*, *Weirauch, K.*, *Lintz, W.*, u. *Kern, W.*, Eine Methode zur Untersuchung der Polymerisation von Äthylen und gasförmigen α-Olefinen bei Normaldruck. Zur Polymerisation mit metallorganischen Mischkatalysatoren. 1. Mitt. Makromol. Chemie **69** (1963) S. 105 – 114.

Bredereck, H., *Posselt, K.*, *Wagner, A.*, u. *Wurster, G.*, Über die Polymerisation von Methacrylsäuremethylester durch Merkaptane in Gegenwart von Chlorid. XII. Mitt. Polymerisationen und Polymerisationskatalysatoren. Makromol. Chemie **69** (1963) S. 154 – 162.

Matsuda, T., *Yamakita, H.*, u. *Sakai, Y.*, Strahlungsinduzierte Polymerisation von Methacrylsäure in Lösung. Chem. High Polymers, Tokyo **20** (1963) 222, S. 614 – 618 (jap.; engl. Zusammenfass.).

Prošljakova, N. F., *Sanaja, I. F.*, u. *Enikolopjan, N. S.*, Polymerisation von Formaldehyd. IV. Über die Änderung des Molekulargewichtes von Polyformaldehyd während des Polymerisationsvorganges. Vysokomol. Soed. (Hochmol. Verbind.) **5** (1963) 12, S. 1776 – 1779.

Bobkova, L. P., *Korsakov, V. S.*, *Romanov, L. M.*, u. *Enikolopjan, N. S.*, Polymerisation von Formaldehyd. V. Einfluß von Wasser, Methanol, Essigsäure und Essigsäureanhydrid auf die Lösungspolymerisation von Formaldehyd. Vysokomol. Soed. (Hochmol. Verbind.) **5** (1963) 12, S. 1780 – 1784.

Aoki, S., Der Einfluß von Lösungsmitteln auf die kationische Polymerisation von Styrol durch Bortrifluorid-Diäthylätherat. Chem. High Polymers, Tokyo **20** (1963) 224, S. 726 – 729. (jap.; engl. Zusammenfass.)

Sakurada, I., Matuzawa, S., Kubota, Y., Chemische Struktur und strahlungsinduzierte Pfropfcopolymerisate von Methylmethacrylat auf Polyvinylalkohol. Makromol. Chemie **69** (1963) S. 115–124.

Noma, K., Niwa, M., u. *Iwasaki, K.*, Copolymere des Maleinsäureanhydrids. I. Copolymerisation von Maleinsäureanhydrid und Styrol. II. Veresterung des Maleinsäureanhydrid/Styrol-Copolymeren und Verseifung der Ester. Chem. High Polymers. Tokyo **20** (1963) 222, S. 646 bis 648; 649–652 (jap.; engl. Zusammenfass.).

Mezirova, L. P., Šejnker, A. P., u. *Abkin, A. D.*, Über den Einfluß von Zusätzen mit der Natur eines Halbleiters auf die strahlungsinduzierte Polymerisation von Acrylnitril und Methylmethacrylat. Dokl. Akad. Nauk SSSR (Ber. Akad. Wiss. UdSSR) **153** (1963) 6, S. 1378–1380.

Skorynina, I. S., Lipatova, T. E., Über die Pfropfung von Polystyrol auf Glasfasern. Dokl. Akad. Nauk SSSR (Ber. Akad. Wiss. UdSSR) **153** (1963) 3, S. 661–663.

Jackson jr., W. J., u. *Caldwell, J. R.*, Polycarbonate aus dreidimensionalen polycyclischen Biphenolen. IEC. Ind. engng. Chem./Product Res. Development **2** (1963) 4, S. 246–256.

II. Faserstoffe. Ausgangsstoffe usw.

Naturfaserstoffe

Pflanzenfaserstoffe

Baljasov, P. D., Die Bedeutung des Zusammendrückens der Baumwollfasern in Form der Fasermasse für die technologischen Prozesse. Mitt. 2. Izv. vysšich uč. Zav. Technol. tekstil. Prom. (Hochschulnachr. Technol. Textil-Ind.) (1963) 5, S. 10–19.

Dowgielewicz, S., Die Veränderung der physikalischen und chemischen Eigenschaften von Bastfasern unter der Einwirkung von Umgebungseinflüssen. Zesz. nauk. Politechn. Łódźkiej (Wiss. H. Politechn. Łódź (1963) 53, Włókiennictwo (Textilind.) 10, S. 91–108.

Moldovan, I., Cătulescu, A., Einige Probleme im Zusammenhang mit der höchstmöglichen Verwertung der Rohstoffe in der Baumwollindustrie. Ind. textilă, Bucureşti **14** (1963) 11, S. 497–500.

Berriman, L. P., u. *Benedict, H. M.*, Wachstumsringe bei Baumwolle. Textile Res. J. **33** (1963) 12, S. 1026–1027.

Tierische Faserstoffe

Feughelman, M., Die mechanischen Eigenschaften von Wollfasern mit permanenter Fixierung und reduziertem Cystingehalt bei verschiedenen Werten der relativen Feuchtigkeit und die Struktur der Wolle. Textile Res. J. **33** (1963) 12, S. 1013–1022.

Wasley, W. L., Whitfield, R. E., Miller, L. A., u. *Kodani, R. Y.*, Stabilisierung von Wolle durch Grenzflächenpolymerisation. Teil VI. Relative Hydrolysegeschwindigkeiten von Säurechloriden. Textile Res. J. **33** (1963) 12, S. 1029–1032.

Weigmann, H. D., u. *Rebenfeld, L.*, Die Superkontraktion von chemisch modifizierten Wollfasern in 9 M LiCl bei 94 °C. Textile Res. J. **33** (1963) 12, S. 985–992.

Leeder, J. D., u. *Lipson, M.*, Flüssigkeitsaufnahme durch Wolle. Teil IV. Sorption von Äthanol durch modifizierte Wolle. J. appl. Polymer Sci. **7** (1963) 6, S. 2053–2066.

Chemiefaserstoffe

US-Streitkräfte tragen gern Kleidungsstücke aus Chemiefasern. Mod. Textiles Mag. **44** (1963) 12, S. 42–43.

Regeneratfaserstoffe

Matthes, A., Beiträge zur Theorie und Praxis der Viskosefiltration. Einfluß von Filteraufbau, Filtrationsdruck und Viskoseviskosität auf Verstopfungsneigung und Retentionsverhalten von Viskosefiltern. Faserforsch. u. Textiltechnik **15** (1964) 1, S. 39–43.

Calistru, E., Betrachtungen über die Formbildung der Cellulosefaserstoffe vom Typ Viskose: Normalviskose. Ind. textilă, Bucureşti **14** (1963) 11, S. 501–506.

Jost, H., u. *Gröbe, A.*, Reaktionskinetische Untersuchungen bei der Entstehung von Celluloseregeneratfäden. 20. Mitt. über den Fadenbildungsmechanismus von Viskosekapillarfäden (2. Teil) Faserforsch. u. Textiltechnik **15** (1964) 2, S. 71–74.

Lotarev, B. M., u. *Bork, Z. V.*, Herstellung von Alkalicellulose in der Masse nach einem kontinuierlichen Verfahren. Chim. Volokna (Chem. Fasern) **5** (1963) 6, S. 40–42.

Baranova, Z. D., Zarina, E. Ja., Filiceva, T. B., Solov'eva, G. I., u. *Majboroda, V. I.*, Anwendung oberflächenaktiver Stoffe bei der Herstellung von spinngefärbter Viskoseseide. Chim. Volokna (Chem. Fasern) **5** (1963) 6, S. 66–67.

Čančikova, O. D., Versuchsanlage zur Nachbehandlung von Seide. Chim. Volokna (Chem. Fasern) **5** (1963) 6, S. 71–72.

Die Faser Z. 54 „Polynosic". Melliand Textilber. **44** (1963) 12, S. 1396.

Synthetische Faserstoffe

Manjasek, Z., Modifizierung eines faserbildenden Polyesters auf der Basis von 2,5-Furandicarbonsäure. Chim. Volokna (Chem. Fasern) **5** (1963) 6, S. 35–38.

Turska, E., u. *Wiśniewski, J.*, Die Sorption von Wasserdampf durch Polycaprolactamfasern. II. Desorption. Zesz. nauk. Polytechn. Łódźkiej (Wiss. H. Politechn. Łódź (1963) 53, Wlókiennictwo (Textilind.) 10, S. 19–24.

Rodionov, V. A., u. *Gajda, L. Z.*, Studium des Extraktionsvorganges von Kapronschnitzeln. Chim. Volokna (Chem. Fasern) **5** (1963) 6, S. 13–16.

Kremnev, O. A., Borovskij, V. R., Šelimanov, V. A., u. *Šerenkovskij, E. V.*, Über die thermische Behandlung von synthetischen Fasern bei der Verstreckung. Chim. Volokna (Chem. Fasern) **5** (1963) 6, S. 18–23.

Williams, M. L., u. *Bender, M.*, Die Dehnung von nicht-orientierten Polyamid-Fäden. Teil II. Phänomenologische Beziehungen. Textile Res. J. **33** (1963) 12, S. 1023–1026.

Vol'f, L. A., Meos, A. I., Koteckij, V. V., u. *Giller, S. A.*, Über die biologisch aktive Polyvinylalkoholfaser „Letilan". Chim. Volokna (Chem. Fasern **5** (1963) 6, S. 15–18.

Bunareva, Z. S., Djurnbaum, V. S., Dorochina, I. S., Žarkova, M. A., u. *Klimenkov, V. S.*, Fasern auf der Basis von Gemischen aus Acrylnitrilcopolymeren. Chim. Volokna (Chem. Fasern) **5** (1963) 6, S. 10–13.

Alexandru, L., Ciobanu, V., u. *Costian, D.*, Polypropylenfasern. Mitt. I. Spinnen, Strecken und Fixieren von Polypropylen. Rev. Chimie, Bucureşti **14** (1963) 9, S. 515–519.

III. Spinnerei (Verspinnen)

Jones, H. J., Automatisierung, vom Ballen zur Spule. Textile Res. J. **33** (1963) 12, S. 1036–1041.

Jóźwicki, R., Verkürzte Converter-Verfahren für die Herstellung von Garnen aus Polyacrylnitrilfasern. Przegl. włókienn. (Textil-Rdsch.) **17** (1963) 11, S. 378–389.

Spinnereivorbereitung

Ol'vovskaja, N. V., Kontrolle der Riemchenspannung im Teiler der Spinnkrempel. Izv. vysšich uč. Zav. Technol. tekstil. Prom. (Hochschulnachr. Technol. Textil-Ind.) (1963) 5, S. 53–56.

Karasev, G. I., Analyse der Ursachen für erhöhte Flusenausscheidung und Bildung von zerrissenen Florrändern auf der Kleinkrempel CMM 450M). Izv. vysšich uč. Zav. Technol. tekstil. Prom. (Hochschulnachr. Technol. Textil-Ind.) (1963) 5, S. 57–63.

Emmanuel', M. V., Die Misch- und Ausgleichsfähigkeit einer Walzenkrempel, die aus einigen unmittelbar vereinigten Karderiearbeiten besteht. Tekstil. Prom., Moskva (Textil-Ind.) **23** (1963) 11, S. 36–42.

Slater, W., Künftige Baumwollstrecken — Konstruktion und Wirtschaftlichkeit der Arbeitsweise. Textile Manuf. **89** (1963) 1068, S. 502–505.

Bratkowski, W., u. *Uzdowski, H.*, Die Vorbehandlung von Wollfaserbändern. Zesz. nauk. Politechn. Łódźkiej (Wiss. H. Politechn. Łódź) (1963) 53, Włókiennictwo (Textilind.) 10, S. 81–89.

Müller, K. H., Untersuchung einer Steuerstrecke auf die Grenzen der Vergleichförmigung. Dt. Textiltechnik **13** (1963) 12, S. 625–629.

Gutsmuths, D., Versuche mit dem Einsatz der Steuerstrecke. Dt. Textiltechnik **13** (1963) 12, S. 629–632.

Spinnerei

Terjušnor, A. V., Einige Fragen zur Verarbeitung von Chemie-Fasern in Mischung mit Baumwolle auf Baumwollausrüstungen. Tekstil. Prom. Moskva (Textil-Ind.) **23** (1963) 10, S. 50–54.

Aristov, P. I., Für eine neue Technologie auf vorhandener Ausrüstung. Tekstil. Prom. Moskva (Textil-Ind.) **23** (1963) 10, S. 58–61.

Siegl, R., Beobachtungen über moderne Maschinen der Baumwollspinnerei. Ind. textile, Paris (1963) 918, S. 816–821.

Stepanova, A. S., Verdichter auf Flyern und Spinnmaschinen. Tekstil. Prom., Moskva (Textil-Ind.) **23** (1963) 11, S. 52–56.

Oxtoby, E., Eine Untersuchung der Bildung des Faserflugs beim Spinnen auf einer Kapselspinnmaschine in der Kammgarnspinnerei. J. Textile Inst. **54** (1963) 12, S. T501–T512.

Chavkin, V. P., u. *Molčanov, A. S.*, Die Übertragungsfunktionen der Streckwerke. Mitt. 1. Izv. vysšich uč. Zav. Technol. tekstil. Prom. (Hochschulnachr. Technol. Textil-Ind.) (1963) 5, S. 119–126.

Kuzela, K., Erfahrungen aus den Betriebsbesuchen in Frankreich. Textil. Praha **18** (1963) 12, S. 454–456.

Kaláč, J., Beitrag zu den Möglichkeiten der Temperatursenkung der Spinnlösung beim Naßspinnen von Bastfasern. Textil, Praha **18** (1963) 12, S. 444–447.

Stratil, F., u. *Krkoška, B.*, Spindelaufsätze und deren Anwendung beim Feinspinnen an den Ringspinnmaschinen. Textil, Praha **18** (1963) 12, S. 447–450.

Stinghe, D., Simionescu, T., u. *Klifer, H.*, Streckwerk von hoher Streckfähigkeit für Feinspinnmaschinen. Ind. textilă, Bucureşti **14** (1963) 11, S. 512–519.

Wegener, W., u. *Hoth, E. G.*, Der Verlauf der falschen Verzugsdrehung. Melliand Textilber. **44** (1963) 12, S. 1312–1317.

Milovidov, N. N., Gespinstermüdung als Einflußfaktor auf die Fadenbrüche während des Spinnvorganges. Izv. vysšich uč. Zav. Technol. tekstil. Prom. (Hochschulnachr. Technol. Textil-Ind.) (1962) 3, S. 58–63.

Erzeugnisse der Spinnerei

Gusakova, T. R., Herstellung von Garn mittlerer Nummern für Maschenware mit Halbkammzug. Izv. vysšich uč. Zav. Technol. tekstil. Prom. (Hochschulnachr. Technol. Textil-Ind.) (1963) 5, S. 64–70.

Ein thermochemischer Schweißapparat für synthetische Garne. Melliand Textilber. **44** (1963) 12, S. 133.

IV. Materialvorbereitung. Texturfadenherstellung. Textilverbundstoffe

Materialvorbereitung

Mehnert, G., Bestimmung der Anteile von Grund-, Effekt- und Kreuzfaden bei Effektzwirnen. Melliand Textilber. **44** (1963) 12, S. 1321–1325.

Aleksandrov, J. M., Neuer Halbautomat für die Abnahme der Garnreste von den Schußspulen. Tekstil. Prom. Moskva (Textil-Ind.) **23** (1963) 11, S. 51–52.

Texturfadenherstellung

Die Texturgarn-Situation. Zwirner gegen Faser-Hersteller?. Chemiefasern **13** (1963) 12, S. 938–939.

Usenko, V. A., u. *Lalykina, K. M.*, Aufstellung optimaler technologischer Parameter für die Herstellung von wenig dehnbaren Bauschmultifilen aus Polyamid- und Polyestermonoflen. Mitt. 1. Izv. vysšich uč. Zav. Technol. tekstil. Prom. (Hochschulnachr. Technol. Textil-Ind.) (1963) 5, S. 33–39.

Textilverbundstoffe

Fanke, W., Vergleichende Untersuchungen zur Feststellung des Einflusses der Technologie auf die Restkrumpfung von Skelan. Dt. Textiltechnik **13** (1963) 12, S. 652–656.

Nützliche Ratschläge für das Schlichtekochen. Textile Ind. **127** (1963) 12, S. 83, 87.

Cursin, E. M., Verwendung von weichem Wasser beim Schlichten. Tekstil. Prom., Moskva (Textil-Ind.) **23** (1963) 11, S. 63–64.

Voronov, G. A., Verringerung des Kettgarnverzuges auf den Schlichtmaschinen. Tekstil. Prom., Moskva (Textil-Ind.) **23** (1963) 11, S. 66–68.

Krivinskaja, Z. E., u. *Golovačev, A. P.*, Verringerung der Steifigkeit von Kammgarngeweben mittels Zuführung eines Weichmachers in den Schlichtebestand. Tekstil. Prom., Moskva (Textil-Ind.) **23** (1963) 11, S. 64–66.

V. Weberei

Selivanov, G. I., Jacquard-Spezialmaschinen für die Herstellung von Florgeweben. Izv. vysšich uč. Zav. Technol. tekstil. Prom. (Hochschulnachr. Technol. Textil-Ind.) (1963) 5, S. 71–79.

Tret'jakova, N. J., u. *Poletaeva, G. B.*, Der Einfluß von neuen Verfahren für das Eintragen der Schußfäden auf die Qualität der herzustellenden Gewebe. Tekstil. Prom., Moskva (Textil-Ind.) **23** (1963) 11, S. 57–59.

Weberei

Beljaev, P. N., Möglichkeiten für eine Verringerung der Kettspannungsschwankungen auf der automatischen Webmaschine. Izv. vysšich uč. Zav. Technol. tekstil. Prom. (Hochschulnachr. Technol. Textil-Ind.) (1963) 5, S. 80–86.

Sinjavskij, V. P., Arbeit auf dem Webstuhl „ohne Halt". Chim. Volokna (Chem. Fasern) **5** (1963) 6, S. 72–73.

Perner, H., u. *Rudloff, E.*, Entwicklung eines Nomogramms zur Bestimmung der optimalen Schlageinstellung an Webautomaten. Faserforsch. u. Textiltechnik **15** (1964) 2, S. 59–65.

Erzeugnisse der Weberei

Il'in, I. V., Zur Frage der Projektierung von Leinengewebe in einer gegebenen Konstruktionsphase. Izv. vysšich uč. Zav. Technol. tekstil. Prom. (Hochschulnachr. Technol. Textil-Ind.) (1963) 5, S. 87–93.

Gladyšev, S. G., Hemdenstoffe mit Lawsan. Tekstil. Prom., Moskva (Textil-Ind.) **23** (1963) 11, S. 34–36.

Teppichfasern – die Auswahl für Tufting-Teppichhersteller. Skinner's Rec. **37** (1963) 12, S. 1102–1103; **38** (1964) 1, S. 70–71.

Wawrzaszek, Z., Bekleidungsgewebe aus Chemiefasermischungen mit drei Bestandteilen. Technik włókienn. (Textiltechnik) **12** (1963) 9, S. 221 bis 225.

VI. Wirkerei. Strickerei. Konfektionstechnik. Sonstige Technologien

Lancashire, J. B., Maschenkonstruktionen von gewirkten/gestrickten Doppelrändern. Hosiery Trade J. **71** (1964) 841, S. 110–111.

Smirnov, L. S., Chemiefasern und Trikotagensortiment. Tekstil. Prom., Moskva (Textil-Ind.) **23** (1963) 11, S. 31–33.

Ivanov, V. A., Gummifäden in der Trikotagenindustrie weitgehender einsetzen! Tekstil. Prom., Moskva (Textil-Ind.) **23** (1963) 11, S. 75–78.

Verchovinina, L. D., u. *Citovic, K. G.*, *Kacenelenbogen, A. M.*, Einsatz von Polypropylengarnen in der Trikotagenindustrie. Tekstil. Prom., Moskva (Textil-Ind.) **23** (1963) 11, S. 69–74.

Wirkerei und Strickerei

Zoica, D., Textilien die auf Interlock-Wirkmaschinen hergestellt werden. Ind. textilă, Bucureşti **14** (1963) 11, S. 520–523.

Erzeugnisse der Wirkerei und Strickerei

Farben in Strickwaren. Norsk Tekstiltid. **44** (1963) 12, S. 524–528 (4 S.), 540.

Dehnung. Hosiery Trade J. **71** (1964) 841, S. 112–114.

Arbeitsmethoden zur Endaufbereitung von Damenfeinstrümpfen. Wirk.- u. Strick.-Technik **13** (1963) 12, S. 618–623.

Konfektionstechnik

Nahtverschweißung durch Ultraschall. Hosiery Trade J. **71** (1964) 841, S. 84–85.

Sonstige Technologien

(Flechterei. Klöppelei, Kordelei, Posamentiererei, Häkelei, Stickerei, Seilerei)

Stajniak, K., Struktur und Herstellung von knotenlosen Fischnetzen. Technik włókienn. (Textiltechnik) **12** (1963) 9, S. 228–234.

VII. Textilveredlung

Matschat, K., Untersuchungen über die Beziehungen zwischen der chemischen Vernetzung und der Veredlung. Teintex, Paris **29** (1964) 1, S. 7, 9, 10, 13, 15, 16.

Partridge, H. W., Färbung und Ausrüstung von Bandware. Man-made Textiles **40** (1963) 474, S. 58, 60, 63.

Woodward, W., Moderne Verfahren im Gewebeschauraum. Textile Ind. **127** (1963) 11, S. 122–127, 197; 12, S. 88–90, 93, 98, 101.

Müller, A., Die Ausrüstung von Wirkwaren. SVF Fachorgan Textilveredl. Basel **18** (1963) 11, S. 682–690.

Farbstoffe, Textilhilfsmittel

Balašova, T. D., *Sadov, F. I.*, Untersuchung des Prozesses der Ausscheidung hydrolysierter aktiver Farbstoffe aus gefärbten Cellulosefasern. Mitt. 1. Izv. vysšich uč. Zav. Technol. tekstil. Prom. (Hochschulnachr. Technol. Textil-Ind.) (1963) 5, S. 94–100.

Derbyshire, A. N., u. *Graham, J. G.*, Procilanfarbstoffe – neue vormetallisierte Reaktivfarbstoffe für Wolle. Internat. Dyer, Textile Printer, Bleacher, Finisher **131** (1964) 1, S. 31–37.

Farag, A., Über die Wechselwirkung von Reaktivfarbstoffen mit Kunstharzen und Kunstharz-Vorkondensaten (kombiniertes Ausrüstungsverfahren. Dissertation/Stuttgart, T. H., F. f. Natur- u. Geisteswiss./v. 1. März 1963/Stuttgart 1963. 127 S. mit Abb. 8° Ref.: Dt. Nationalbibliogr., Reihe B (1963) 19, S. 1764, Nr. 553.

Ubaldini, I., Synthetische Farbstoffe. XII. Fibre e Colori, Milano **13** (1963) 12, S. 430–437.

Heid, Ch., Die Hydrolyse- und Hydrosollicht-Farbstoffe – ein Sortiment wasserlöslicher Schwefelfarbstoffe. Z. ges. Textilind. **65** (1963) 12, S. 1028 bis 1031.

Stevens, B., u. *Bingham, W. S. W.*, Das Ausbleichen von Rhodamin B in wäßrigen Acetonlösungen. J. Soc. Dyers Colourists **79** (1963) 12, S. 632 bis 636.

Näser, H., Färbereihilfsmittel. Wäscherei **10** (1963) 12, S. 364–366.

Szentpály, T., Qualitative Analyse der Appreturen. Magyar Textiltechn. **16** (1964) 1, S. 1–9.

Bleicherei. Sonstige Vorbehandlungsarbeiten der Textilveredlung

Höcklin, D., Kontinuierliche Aufhellverfahren in der Textilindustrie. SVF Fachorgan Textilveredl., Basel **18** (1963) 11, S. 691–696.

Menzel, W., Automatisierung des Garnkastentransportes in einer Kammgarnspinnerei. SVF Fachorgan Textilveredl., Basel **18** (1963) 11, S. 722 bis 725.

Färberei

Peres, M. J. S., Die thermischen Behandlungen auf dem Gebiete der Färberei. Teintex, Paris **29** (1964) 1, S. 19, 21, 22, 25, 27.

Hochleistungsverfahren für das Färben von Kammzügen. Textile Manuf. **89** (1963) 1068, S. 517–518.

Meunier, P. L., u. *Thomas, R. J.*, Der Einfluß der neuen Fasern auf die Färbereitechnologie in den USA. Internat. Dyer, Textile Printer, Bleacher, Finisher **131** (1964) 1, S. 67, 69, 70, 71.

Roolaart, H. W. M., Kontinuefärberei von Polyester/Baumwollgeweben. Textile Ind. **127** (1963) 11, S. 58–62, 67.

Czi Guj-Šen', u. *Korčagin, M. V.*, Untersuchung des Klotz-Dämpf-Färbeverfahrens für Kapronfasergewebe. Izv. vysšich uč. Zav. Technol. tekstil. Prom. (Hochschulnachr. Technol. Textil-Ind.) (1963) 5, S. 105–111.

Elhav, K., Betrachtungen über Färbehülsen für Kreuzwickel der verschiedensten Modelle und aus den verschiedensten Materialien. Teintex, Paris **29** (1964) 1, S. 27–28.

Druckerei

Suchecki, S. M., Walzendruck – verringern sich seine Aussichten? Textile Ind. **127** (1963) 11, S. 79–80, 145.

Automatischer Filmdruck – immer größer werdend. Textile Ind. **127** (1963) 11, S. 83, 84, 87.

Dockray, G. H., u. *Suchecki, S. M.*, Durchbruch in der Druckerei. Textile Ind. **127** (1963) 11, S. 88, 93. Das Castle-Creek-Packsystem. Textile Ind. **127** (1963) 11, S. 95, 97, 98.

Neues Lösungsmittelsystem zur Chemischreinigung im Großversuch. Auf Perchloräthylen basierendes Lösungsmittelsystem enthält Detergentien und Zusatzstoffe. Chem. engng. News **41** (1963) 47, S. 57.

Marcon, F., Färben durch Pigmentieren von Baumwolle-Polyester-Mischungen auf Spulen mit Küpen- und Dispersionsfarbstoffen. Fibre e Colori, Milano **13** (1963) 12, S. 428–429.

Miglierina, D., Fortschritte beim Färben der Kupferfaser. Fibre e Colori, Milano **13** (1963) 12, S. 423–427.

von der Eltz, H.-U., u. *Ungermann, E.*, Das Klotz-Kurzverweilverfahren für Remazolfarbstoffe. Textil-Praxis **18** (1963) 12, S. 1189–1197.

Peter, M., Durch diskontinuierliches Aufziehen mit Hilfe eines Katalysators aufgebrachte Faserreaktivfarbstoffe. Amer. Dyestuff Rep. **52** (1963) 23, S. 25(901)–28(904).

Blackburn, D., u. *Ward, J, S.*, Färben und Naßbehandlung von Chemiefaserkabeln. J. Soc. Dyers Colourists **80** (1964) 1, S. 9–17.

Ausrüstung. Trocknung

Sadovnikova, V. I., *Usmanov, Ch. U.*, u. *Kozimina, O. P.*, Über die Erhöhung der thermischen Beständigkeit der Baumwollfaser durch partielle Cyanäthylierung. Ž. prikl. Chimii (Z. angew. Chemie) **36** (1963) 11, S. 2522–2526.

McCartney, J., Einige Ansichten über die Chlorzurückhaltung bei der Ausrüstung. Textile Manuf. **89** (1963) 1068, S. 523–527.

Bertolina, G., Ausrüstung wasserundurchlässiger beschichteter Gewebe. Chemiefasern **13** (1963) 12, S. 940 943–944.

„Zepel" – Gewebe-Fluoridizer. Textile Manuf. **89** (1963) 1068, S. 528–529.

Hänlich, R., Selbst Wollstoffe haben ihre Eigentümlichkeiten. Bekleid. u. Wäsche **15** (1963) 11, S. 1012–1015.

Robbins, P. E., u. *Perkins, H. H.*, Die Reaktion von Acylchloriden mit aminierter Baumwolle. Amer. Dyestuff Rep. **52** (1963) 23, S. 41(P915 bis 45(P919).

Mazzeno jr., L. W., *Reinhardt, R. M.*, u. *Reeves, W. A.*, Letzte Entwicklungen bei der Knitterfestausrüstung von Baumwolle. Amer. Dyestuff Rep. **52** (1963) 23, S. 35(P909)–40(P914).

Prett, K., u. *Thurnher, K.*, Neue Wege der Vernetzung von Baumwolle. Prakt. Chemie. Wien **14** (1963) 10, S. 454–457.

Braslavskij, A. N., Studium der Tränkungsvorgänge von Geweben, ungewebten Materialien und anderen fasrig-porösen Materialien. Ž. prikl. Chimii (Z. angew. Chemie) **36** (1963) 12, S. 2734–2740.

Lange, B., Anwendung von Kunststoffen in der Textilausrüstung. Teil II. Z. ges. Textilind. **65** (1963) 12, S. 1032–1035.

Schmidt, P., Beschichtung von Textilien mit PVC-Schaumstoffen. Teil V. Melliand Textilber. **44** (1963) 12, S. 1373–1377.

Schaumtextilien. Spinner, Weber, Textilveredlung **81** (1963) 12, S. 1335 bis 1336.

Wäscherei. Chemische Reinigung

Oldenroth, O., Über Einflüsse zur Steigerung des Wäscheausfalles. Wäschereitechnik u. -chemie **16** (1963) 12, S. 912, 914, 916.

Maurer, T., Die Wirkung des Luftsauerstoffs auf farbige Textilien. Wäscherei **10** (1963) 12, S. 374–375.

Venus, E., Gegenüberstellung des Arbeitsablaufes beim Bearbeiten von kundeneigener Wäsche und Mietwäsche. Wäscherei **10** (1963) 12, S. 370 bis 373.

Wild, C. H., Überblick über den technischen Ablauf im neuzeitlichen Reinigungs- und Wäschereibetrieb. Textil-Rdsch. St. Gallen **18** (1963) 11, S. 583–588.

Nause, K., Wascheffekt und Vergrauung beim Chemischreinigen. SVF Fachorgan. Textilveredl., Basel **18** (1963) 11, S. 704–711.

Rösch, Günter, Zur Beeinflussung optisch aufgehellter Textilien durch sauerstoffhaltige Reinigungsverstärker. Chemischreiniger u. Färber/Färber-Ztg. **16** (1963) 12, S. 621–623.

Schwerdtner, H., Fleckenentfernung in der Chemischreinigung. Wäscherei **10** (1963) 12, S. 360–362.

Immer wieder Schädigungen durch Akkusäure. Chemischreiniger u. Färber/Färber-Ztg. **16** (1963) 12, S. 635.

VIII. Werkstoffprüfung. Meß- und Prüftechnik. Standardisierung

Eigenschaften und Fehler der Textilmaterialien u. a.

Nawaz, S. M., u. *Khan, A. J.*, Studien über die Spinnqualität von Baumwolle. Textile Inst. Ind. **1** (1963) 12, S. 12.
Kiselev, A. K., u. *Mizonova, A. I.*, Mechanische Eigenschaften von Mischgarn aus unterschiedlichen Fasern. Izv. vysšich uč. Zav. Technol. tekstil. Prom. (Hochschulnachr. Technol. Textil-Ind.) (1963) 5, S. 20–26.
Semak, B. D., Der Einfluß der Appretur auf die Verschleißfestigkeit von Sommerkleiderstoffen. Tekstil. Prom., Moskva (Textil-Ind.) **23** (1963) 11, S. 79–82.
Polymerchemie als Grundlage der Eigenschaften und des Gebrauchswertes von Fasern. Chem. engng. News **41** (1963) 46, S. 40–42.
Šejn, T. I., u. *Ljubimceva, G. P.*, Der Einfluß von Belastungen bei erhöhten Temperaturen auf die Eigenschaften der Önanthfaser. Tekstil. Prom., Moskva (Textil-Ind.) **23** (1963) 11, S. 90–94.
Pfender, M.. Über Probleme des Werkstoffverhaltens bei überelastischer Beanspruchung. Materialprüfung **5** (1963) 12, S. 445–457.
Davidson, H. R., *Hemmendinger, H.*, u. *Landry jr., J. L. R.*, Ein System zur instrumentellen Farbkontrolle für die Textilindustrie. J. Soc. Dyers Colourists **79** (1963) 12, S. 577–589.
Alderson, J. V., *Atherton, E.*, *Preston, C.*, u. *Tough, D.*, Die praktische Auswertung der instrumentellen Abstimmungsvoraussagen. J. Soc. Dyers Colourists **79** (1963) 12, S. 723–730.
Warburton, F. L., Farbunterscheidung. J. Soc. Dyers Colourists **79** (1963) 12, S. 740–752.
Jaeckel, S. M., u. *Ward, C. D.*, Lichtechtheit und Verfärbung von Fluoreszenz-Aufhellern auf Orlon. J. Soc. Dyers Colourists **80** (1964) 1, S. 18–20.
Ingamells, W., Durch knitterfestausrüstende Harze verursachtes erhöhtes Ausbleichen von Farbstoffen: ein vorgeschlagener Mechanismus. J. Soc. Dyers Colourists **79** (1963) 12, S. 651–660.
Jaeckel, S. M., *Ward, C. D.*, u. *Hutchings, D. M.*, Abweichungen bei der Bestimmung der Lichtechtheit und der Geschwindigkeit des Ausbleichens und der Differenzierung der Blau-Standards. J. Soc. Dyers Colourists **79** (1963) 12, S. 702–714. Diskussion S. 714–722.
Little, A. H., u. *Clayton, J. W.*, Photochemische Schädigung und Ausbleichen von gefärbten Textilien bei verschiedenen Feuchtigkeiten. J. Soc. Dyers Colourists **79** (1963) 12, S. 671–677.
van Beek, H. C. A., u. *Heertjes, P. M.*, Photochemische Reaktionen von Azofarbstoffen in Lösung mit verschiedenen Substraten. J. Soc. Dyers Colourists **79** (1963) 12, S. 661–670 (Diskussion).
Asquith, R. S., u. *Campbell, B.*, Beziehungen zwischen chemischer Struktur und Echtheit von Nitrodiphenylaminfarbstoffen gegenüber Licht und Gasdämpfen. J. Soc. Dyers Colourists **79** (1963) 12, S. 678–686.
Salvin, V. S., Der Einfluß atmosphärischer Verunreinigungen auf die Lichtechtheit. J. Soc. Dyers Colourists **79** (1963) 12, S. 687–696.
Frick, jr., J. G., (Berichterstatter), Erholung nach Zugbeanspruchung und Strukturveränderung bei vernetzter Baumwolle. Amer. Dyestuff Rep. **52** (1963) 24, S. 37(P952)–49(P964).
Grudniewski, M., Über die Anwendung eines isoperimetrischen Quotienten zur Beurteilung der Querschnittsform von künstlichen und synthetischen Fasern. Zesz. nauk. Politechn. Łódźkiej (Wiss. H. Politechn. Łódź) (1963) 53, Włókiennictwo (Textilind.) 10, S. 25–33.
Komarow, W. G., Die Vorherbestimmung der Eigenschaften von Flachsgarn. Zesz. nauk. Politechn. Łódźkiej (Wiss. H. Politechn. Łódź (1963) 53, Włókiennictwo (Textilind.) 10, S. 35–69.
Tallant, J. D., *Fiori, L. A.*, *Little, H. W.*, u. *Castillon, A. V.*, Untersuchung der für die Festigkeit von Einfachgarnen bestimmenden minimalen Länge der Baumwollfaser. Textile Res. J. **33** (1963) 12, S. 1005–1012.
Baird, K., Formbeständigkeit von Wollgeweben. Dehnung durch Feuchtigkeitsaufnahme. Textile Res. J. **33** (1963) 12, S. 973–984.
Stein, H., Krumpfeffekte und Spannfadenbildung bei Polyester/Wolle-Mischgarnen. Melliand Textilber. **44** (1963) 11, S. 1187–1191, S. 1307 bis 1311.
Beder, N. M., u. *Pakšver, A. B.*, Einfluß der Eigenschaften des Polymeren auf die physikalisch-mechanischen Eigenschaften der Polyacrylnitrilfaser. Chim. Volokna (Chem. Fasern) **5** (1963) 6, S. 6–9.
Böhringer, Hans, Zur Bestimmung der zugelastischen Arbeit von Textilien bei statischer Beanspruchung. Faserforsch. u. Textiltechnik **15** (1964) 2, S. 49–58.
Berriman, L. P., Eigenschaften von ungetrockneter Baumwolle. Textile Res. J. **33** (1963) 12, S. 1027–1028.
Reid, J. D., *Kullman, R. M. H.*, u. *Blanchard, E. J.*, Einfluß der Mercerisation und Spannung auf die Eigenschaften von „wash-and-wear"-Baumwolle. Amer. Dyestuff Rep. **52** (1963) 24, S. 29(946)–31(948).
Freeston jr., W. D., *Hurt, W. C.*, u. *Suppiger, E. W.*, Eine dynamische Analyse von coplanar gekräuselten elastischen Fäden. Textile Res. J. **33** (1963) 12, S. 993–999.
Böhme, H., Über die nächsten Aufgaben zur Verbesserung der Qualität. Dt. Textiltechnik **13** (1963) 12, S. 620–622.
Schleicher, A., Textilerzeugnisse und ihre Qualität. Dt. Textiltechnik **13** (1963) 12, S. 617–619.
Prevorsek, D., *Lyons, W. J.*, u. *Whitwell, J. C.*, Statistische Behandlung von Werten und Extremwerttheorie in Beziehung zum Ermüden von Textilien. Textile Res. J. **33** (1963) 12, S. 963–973.
Klemm, L., u. *Siegel, H.*, Stand der statistischen Qualitätskontrolle in der Textilindustrie der DDR. Dt. Textiltechnik **13** (1963) 12, S. 656–660.

Meß- und Prüftechnik

Gessner, W., Kritische Betrachtung der elektrischen Messung schnell veränderlicher mechanischer Größen. Textil-Praxis **18** (1963) 12, S. 1181 bis 1185.
Clayton, B. R., u. *Farmer, E. G.*, Gerät zur Messung niedriger Geschwindigkeiten von Flüssigkeiten. J. sci. Instruments **40** (1963) 12, S. 579–582.
Geitel, K., Zur Theorie der Luftströmung durch Faserpfropfen. Faserforsch. u. Textiltechnik **15** (1964) 1, S. 21–29.
Broadfoot, K. D., u. *Belin, R. E.*, Eine Methode zur Fern-Messung der Kraft an einem sich bewegenden Maschinenteil. J. sci. Instruments **40** (1963) 12, S. 589–591.
Ramaszéder, K., Bestimmung der Viskosität von Stärkeschlichten. Textile Manuf. **89** (1963) 1068, S. 506–508.
Koljadenko, S. S., Untersuchung der Photolumineszenz optischer Aufheller auf Gewebe und der Spektren der von den behandelten Geweben reflektierten sichtbaren Strahlen. Izv. vysšich uč. Zav. Technol. tekstil. Prom. (Hochschulnachr. Technol. Textil-Ind.) (1963) 5, S. 101–104.
Ford, J. E., Eine mikroskopische Untersuchung der durch Spannungen in Chemiefasern hervorgerufenen Wirkungen. J. Textile Inst. **54** (1963) 12, S. T484–T500.
Čencov, I. V., Der Einfluß des Durchmessers von synthetischen Fasern auf die Größe der statischen Aufladung, die im Kardierprozeß entsteht. Tekstil. Prom., Moskva (Textil-Ind.) **23** (1963) 11, S. 42–46.
Frenzel, W., *Hahn, G.*, u. *Hesse, H.*, Über die Bestimmung der Biege-Steifigkeit und -Elastizität von Faserstoffen, Textilien und Folien mit einem neuen Gerät. Faserforsch. u. Textiltechnik **15** (1964) 1, S. 10–21.
Rastorguev, A. K., Berechnung des Feldes einiger Indikatoren für eine zu induzierende elektromotorische Kraft. Izv. vysšich uč. Zav. Technol. tekstil. Prom. (Hochschulnachr. Technol. Textil-Ind.) (1963) 5, S. 127 bis 133.
Savčenko, V. E., Untersuchung von Quarzresonatoren als Feuchtigkeitsindikatoren. Izv. vysšich uč. Zav. Technol. tekstil. Prom. (Hochschulnachr. Technol. Textil-Ind.) (1963) 5, S. 112–118.
Rougeot, J., An der Längenverteilung der Wollfasern der vom Schaf entnommenen Woll-Locke beteiligte Faktoren. Ann. sci. Textiles belges (1963) 4, S. 49–77.
Fransen, T., Verallgemeinerte Theorie der Faserlängenmessung. Teil 1. Grundtheorie. Notizen und Einfluß der Probenentnahme. Ann. sci. Textiles belges (1963) 4, S. 78–116.
Zurek, W., u. *Zaorski, M.*, Die Bestimmung des Wollsortiments vom technologischen Gesichtspunkt. Zesz. nauk. Politechn. Łódźkiej (Wiss. H. Politechn. Łódź) (1963) 53, Włókiennictwo (Textilind.) 10, S. 71–79.
Kittelmann, W., u. *Putzger, D.*, Theoretische Grundlagen zur Feinheitsbestimmung an Faserstoffen mit dem Vibroskop. Faserforsch. u. Textiltechnik **15** (1964) 2, S. 66–71.
Kurz, J., u. *Wentz, M.*, Über die photometrische Auswertung künstlich angeschmutzter Testgewebe. Textil-Rdsch. St. Gallen **18** (1963) 11, S. 594–614.
Bell, J. R., *Gailey, I.*, u. *Oglesby, S.*, Die Bildung ausgedehnter Farbreihen durch Computer. J. Soc. Dyers Colourists **79** (1963) 12, S. 613–617.
Tilleard, D. L., Einige Anwendungen des Farbenmischcomputers von Davidson und Hemmendinger für Farben und Kunststoffe. J. Dyers Colourists **79** (1963) 12, S. 590–603.
Gugerli, U., u. *Buchner, P.*, Die Gradientenmethode. – ein Beitrag zur metameren Farbabstimmung auf Basis von Farbdifferenzmessungen. J. Soc. Dyers Colourists **79** (1963) 12, S. 637–650.
Vaeck, S. V., u. *van Lierde, F.*, Korrelation zwischen Weißgrad und Fluoreszenz optisch aufgehellter Baumwollgewebe. Wäschereitechnik und -chemie **17** (1964) 1, S. 26–28.
Friele, L. F. C., Eine vergleichende Untersuchung natürlicher und Xenotest-Bestrahlungsbedingungen zur Messung des Ausbleichens und des Abbaus. J. Soc. Dyers Colourists **79** (1963) 12, S. 623–631.
Davies, J. L., Beurteilung der Fläche der Paracortex in Wollfaserschnitten durch Anfärbung mit Methylenblau: Die Einflüsse der Entfärbung und die Deutlichkeit der Differenzierung. Textile Res. J. **33** (1963) 12, S. 1028 bis 1029.
Lassé, R., Synthetische Einbettungsmittel und ihre Anwendung in der Textilmikroskopie. Textil-Rdsch., St. Gallen **18** (1963) 11, S. 589–593.
Ehrhardt, J., u. *Schorcht, A.*, pH-Registrierregler. Z. Instrumentenkunde **72** (1964) 1, S. 2–6.
Wagner, E. F., Einfluß waschaktiver und normaler Elektrolyten auf das energetische Sorptionsverhalten von Pigmenten auf Baumwolle. Z. ges. Textilind. **65** (1963) 12, S. 1023–1027.
Lünenschloß, J., Prüfgeräte und Prüfmethoden der Wirkerei und Strickerei. Wirk.- u. Strick.-Technik **13** (1963) 12, S. 618–623.
Svoboda, F., Analytische Methode für die genaue Bestimmung von Stärke an den Geweben und Garnen aus Cellulosefasern. Textil, Praha **18** (1963) 12, S. 462–464.
Menzel, K. Ch., Beitrag zur Untersuchungsmethodik von Strohflachs und Strohhanf. Faserforsch. u. Textiltechnik **15** (1964) 2, S. 80–83.
Mönch, R., Zur Prüfung der Waschkraft von Feinwaschmitteln. Wäscherei **10** (1963) 12, S. 357.
Bache, S., Zur Beurteilung von Streichgarn-Oberbekleidungsgeweben. Dt. Textiltechn. **13** (1963) 12, S. 637–641.
Schmalz, E., Faseridentifizierung in der Kleiderfärberei und Chemischreinigung. Wäscherei **10** (1963) 12, S. 383–386.
de Coene, R., u. *Verschraege, L. M.*, Beitrag zur Untersuchung der Einflußfaktoren auf die Festigkeit von Baumwollfasern durch Messung mit dem Pressley-Dynamometer. Ann. sci. Textiles belges (1963) 4, S. 7–48.
Busch, H., Der Vertrauensbereich der Spannungs-Dehnungs-Linie von Polyamidfasern. Z. ges. Textilind. **65** (1963) 12, S. 1014–1016.
Heckel, K., Ermittlung des komplexen Elastizitätsmoduls von hochmolekularen Stoffen. Kunststoffe **53** (1963) 12, S. 899–906.
Bak, L., *Gönci, S.*, u. *Schulze, E.*, Tragversuche mit Polyamid-Damenstrümpfen. Magyar Textiltechn. **16** (1964) 1, S. 13–22.
Oldenroth, O., u. *Nettelnstroth, K.*, Schmutzanreicherung und Schmutzentfernung von Gebrauchswäsche. Melliand Textilber. **45** (1964) 1, S. 79 bis 82.
Oldenroth, O., Schimmelpilze – Stockflecken – Arten und Formen. Z. ges. Textilind. **65** (1963) 12, S. 1037–1040.
Schwertassek, K., Studie der Struktur von texturierten Garnen aus PA 6, texturiert mittels anderer Methoden als der Verzwirnung. Textil, Praha **18** (1963) 12, S. 451–453.
Ramaszéder, K., Untersuchung der Wollschädigung mit der Diazo-Titrier-Methode. Magyar Textiltechn. **16** (1964) 1, S. 10–12.
Rochas, P., Über einige Anwendungen der radioaktiven Elemente in der Textilindustrie. Aus: Palette, Basel (1963) 14, S. 25–32, SVF Fachorgan Textilveredl., Basel **18** (1963) 11, S. 697–703.

IX. Betriebstechnik. Ökonomie. Tagungsberichte u. dgl. Sonderfragen

Ökonomie

Burduja, I., *Netea, M.*, *Davideanu, R.*, u. *Blănaru, E.*, Beiträge zur Klassifikation der Wege zur Herabsetzung des spezifischen Verbrauchs an Wolle. Ind. textilă, Bucureşti **14** (1963) 11, S. 507–511.
Rhodes, W. K., Echtheit von Färbungen und Chemischreinigung. I. Zur Echtheit von Färbungen in Beziehung stehende Faktoren der modernen Chemischreinigungsprozesse. II. Entwicklung eines neuen Prüfverfahrens. J. Soc. Dyers Colourists **80** (1964) 1, S. 20–33.